KB215312

직장인의

한달
휴가

두 번째 이야기

*일러두기

· 이 책은 2016년도부터 2018년까지 최근 3년간 엔자임헬스 임직원들의 사내 안식월 제도를 바탕으로 쓰여졌으며, 본문에 등장하는 여행정보나 가격정보는 현재의 상황과 다를 수도 있습니다.
· 이 책에 실린 인용문구는 원 저자와 출판사를 별도로 명시했습니다.
· 이 책에 실린 외래어 표기는 국립국어원 표기법을 따르되, 일부 예외를 두었습니다.

직장인의

한달 휴가

두 번째 이야기

월급걱정, 출근부담, 업무생각 없이

마음 편하게 쉬다 온

직장인 8명의 안식월 이야기

떠난이

김세경

고성수

이지수

이현선

김지연

백목련

김민지

김동석

Prologue

첫날 아침, 후다닥 깼는데
아차! 늦잠을 잤구나 조마조마해하며 창문을 열었는데
바다인 거야
햇살이 나비처럼 내려앉고 있더라고.
그제야 알았지
난 여행을 떠나온 거야
눈물이 핑 돌더라고 글쎄

_최갑수 『당분간은 나를 위해서만』

대한민국에서 직장인으로 산다는 것. 매일 아침, 같은 시간에 일어나 같은 시간에 출근했다가 같은 시간에 귀가해 같은 시간에 잠드는 특별할 것 없는 일상. 문득 지치고 허무할 때가 있다. 그 지친 일상이 몇 년 지속되다 보면 몸이 아프거나 마음이 아파질 수도 있다. 매일 마음을 다잡고 하루하루를 버텨 보지만 주말의 짧은 휴식만으론 그 깊은 피로감이 쉽사리 해소되지 않는다. 더 충분한 휴식이 필요하다.

충분한 휴식은 직장인에게 일종의 인권이다.

하지만 사회는 그리 녹록하지 않다. 경쟁은 치열하고, 직장은 성실과 책임을 요구한다. 과거 척박한 업무 환경 속에 야근과 휴일근무를 마다하지 않았던 대한민국 선배 직장인들은 자신의 인생을 오롯이 회사와 일에 바쳤다. 그렇게 자발적 워커홀릭(workaholic)을 강요받으며 살아온 선배 직장인들은 워라밸(work and life balance)을 요구하는 요즘 사회분위기를 못마땅하게 생각할지도 모른다.

하지만, 일과 삶의 밸런스를 추구하는 사람들이 늘어나고 있다는 것은 대한민국이 조금 더 발전하고 있다는 반증이기도 하다. 모두가 동일한 인생 행로를 밟을 수도, 그럴 필요도 없기에, 삶의 가치관에 따라 대한민국 노동에 대한 다양한 생각과 요구가 만들어지고 있다.

2017년 1월, '직장인의 한 달 휴가'를 첫 출간했다. 안식월을 다녀온 엔자임헬스 직원 10명의 여행이야기를 책으로 엮었다. 반응은 나름 뜨거웠다. 자본과 인력과 시스템이 충분히 갖춰져 있지 않은 60명 남짓의 작은 기업에서 이루어 내고 있는 일이기에 더 그랬던 것 같다. 미약하지만 직장인들에게 안식월이 어떤 의미를 갖고, 얼마나 필요한 지에 대한 사회적 관심이 생겨났다는 사실이 뿌듯했다.

엔자임헬스는 건강한 세상을 만드는 일을 하는 헬스커뮤니케이션 회사다. 생활 건강 제품홍보에서부터 국가의 공공 캠페인까지 새롭고 혁신적인 아이디어를 개발하고 실행해 나가는 것은 고된 일이다. 직원들의 에너지가 빠르게 소진될 수 밖에 없다. 직원이 건강해야 회사가 건강하고, 회사가 건강해야 세상을 건강하게 할 수 있다는 믿음에서 안식월 제도는 시작되었다.

2009년 안식월 제도를 첫 시작한 후 올해로 꼭 10년이 지났다. 그동안 총 64번의 안식월이 시행됐다. 일수로 따지면 1,920일, 년으로는 5.3년에 달하는 휴가 기간이다. 2회 이상 경험한 직원이 8명, 3회 이상도 6명이나 된다.

이제 안식월은 일상이 되었다. 많을 때는 전 직원의 1/4에 해당하는 15명이 안식월 휴가를 사용하기도 했다. 불가능할 것 같았던 제도가 현실이 되었다. 맨 처음 두 발 자전거를 배울 때는 모든 것이 두렵고 불가능할 것 같지만, 한번 배우고 나면 너무도 자연스러워지는 것처럼.

횟수가 거듭될수록 엔자임헬스의 안식월은 더 다양하고 이색적으로 진화하고 있다. 두 번째, 세 번째 안식월을 가는 사람들은 매번 좀 더 다른 한 달을 설계한다. 선배들의 이런 안식월 노하우는 자연스럽게 전수되어, 후배들의 더 의미 있는 안식월을 돕는다. 자전거를 처음 배울 때는 미처 느끼지 못했던 자전거 타기 자체의 즐거움을 하나씩 하나씩 알아가기라도 하는 듯, 여행 중심의 첫 책과는 달리, 서로 다른 자신만의 한 달을 즐기는 모습을 다시 한번 공유하고 싶었다.

한 달의 유급휴가가 생긴다면 무엇을 할까? 월급걱정, 출근부담, 업무걱정 없이 직장인에게 주어진 한 달의 휴가를 고민하는 순간부터 행복해지기 시작할지 모른다. 방학을 맞은 학생의 마음처럼 조금은 들뜨고 설레고 신나도 좋다.

3년을 열심히 일했기에 달콤하게 찾아온 한 달의 쉼표.

걱정할 필요도, 긴장할 필요도, 눈치 볼 필요도, 서두를 필요도 없이

그저 주어진 시간의 자유를 즐기기만 하면 된다.

한껏 게으른 나무늘보처럼.

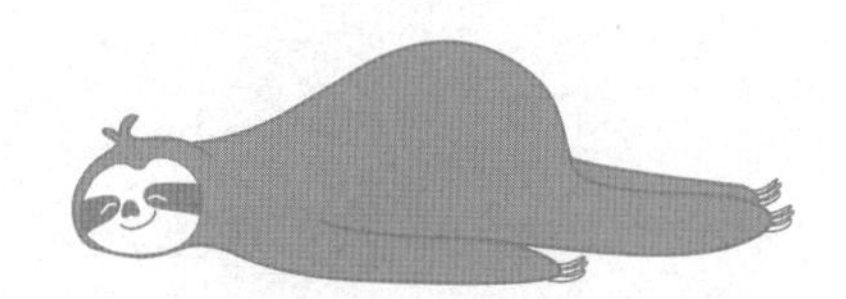

차례

제주시 구좌읍 평대리 39호 하숙생

김세경의 한 달 휴가

나에게 안식월이란?

'지구에서의 삶의 축소판'이다. 안식월은 한 달이다. 인간의 삶을 80세라고 보면, 안식월 동안의 삶은 지구에서의 삶을 1/960 정도로 줄여놓은 것이다. 안식월 한 달 동안 최대한 많은 것을 즐겨야 떠날 때 아쉽지 않을 것 같았다. 안식월을 지내고 보니, 지구에서의 삶 자체도 그래야 한다 싶었다. 나는 앞으로 다른 사고가 없다는 가정을 했을 때 지구에서 420개월 정도의 시간만이 남았다. 걱정 따위를 하고 있을 시간이 없다. 놀아야 한다.

김세경. PR본부 상무

사회인으로서 첫 발을 도서관에서 뗐다. 책이 좋아서 사서 2년. 그러다 글 쓰는 게 멋있어 보여서 기자 2년을 했다. 흥미를 좇아서 일을 했을 때다. 젊을 때라 가능했다. 이후 친구가 와 보래서 간 회사에서 헬스케어 PR업무를 시작하게 되었다. 글 쓰는 일인 것 같아서 시작했는데, 글만 쓰는 일이 아니었다. 다양하게 많은 생각을 해야 했고, 많은 사람을 만나고, 많은 문서를 만들어야 했다. 덕분에 세상 돌아가는 이치를 조금 알게 된 것 같다. AE부터 시작해 7년 경력을 쌓았다. 병원홍보에서 시작해 제약, 학회 캠페인을 담당했다. 엔자임 입사 후 기존 PR업무외 디지털, 이슈관리, 공공캠페인 포트폴리오가 추가됐다. 차장으로 입사한 엔자임헬스에서 부장, 이사를 거쳐 상무가 되었고 엔자임헬스에서만 벌써 11년째, 직업을 갖게 된지는 22년 되었다.

39호 하숙생

쉐어하우스의 주인은 한 달간 신세 지게 될 나를 39호 하숙생이라고 불렀다. 그래서 그녀는 자연스레 하숙집 주인으로 불렸다. 내 앞에 38명의 여인이 이 집에서 한 달을 살고 떠난 모양이었다. 나는 어쩌면 29호쯤 될 수도 있었다. 함께 일하던 팀장이 갑자기 사표를 내지 않았더라면, 한 해 전 여름에 이 곳에 살러 왔을 터였기 때문이다. 티켓이며, 숙소의 예약 취소 수수료를 감수하던 그때가 떠올랐다. 떠나는 팀장에 대한 안타까움이 더 큰 탓인지 취소하는 한 달 살이가 그다지 아쉽진 않았다. 그리고 안식월이 일 년 미뤄진 게 처음도 아니었다. 팀에는 늘 이런저런 사정이 생겼고, 그 일들을 그럭저럭 처리하는 건 안식월의 선결조건이었다. 회사가 그렇게 정하지 않았어도 당연한 거라고 생각했다. 해결되지 못한 일이 전화와 카톡을 어지럽히는 휴가를 그 누가 휴가라고 하겠는가.

기다렸다가 얻게 되는 보상은 더 달콤한 것 같다. 29호가 아닌 39호로 찾게 된 제주는 거대한 쵸콜릿 덩어리 같았다. 공기도 풍경도 하늘에서도 짜릿한 맛이 났다. 어쩌면 내가 처음 지구로 올 때도 그런 기분이 아니었을까. 모든 것에 기대가 되었고, 앞으로 다가올 날들이 궁금했다. 두려운 것은 아무 것도 없었고 내가 경험하게 될 미지에 대해 미리 흥분했다. 직장인으로 20여 년쯤 살다 보면 웬만한 것에는 놀라지 않고, 어지간한 것이면 눈썹 정도를 치켜 올리며, 대단한 것이라야 응시할 마음이 생긴다. 그런데 처음 살러 온 제주는 모든 것이 호기심의 대상이었다. 흘러가는 구름도, 지나가는 자동차도, 길가에 구르는 풀 쪼가리도 새로웠다. 다른 인생을 잠시 살아본다는 생각만으로 이런 기분을 가질 수 있다는 것을 잊었었다. 그 기분을 알게 해준 안식월 만만세다(=사장님 만만세).

오렌지색 지붕의 안채에는 집 주인의 할머니께서 기거하셨다. 여든에 가까우셨는데 해녀로 고된 인생을 보내셔서 인지 기력이 약하시고 귀가 어두우셨다. 인사를 드리고, 내가 살 집인 초록 지붕의 쉐어하우스, 바깥채로 건너갔다. 나 외에 손님 두 명이 묵고 있다고 했다. 제각기 다른 기간 동안 나와 하우스메이트를 하게 될 두 동지 중 한 사람은 13호로 불렸는데 자유로운 영혼이라고 했다. 여행만 하며 산 지 오 년도 넘었단다. 아, 그게 가능하구나. 이 집에 13호로 왔다가, 가끔 다시 묵는데 이름은 그대로 13호로 불리고 있었다. 다른 한 사람은 34호라고 했다. 제주에서 여행 와 살면서 파트타임으로 일도 하는 근무형 여행자였다. 아, 이것도 가능하구나.

살다 보면 고정관념에 삶이 묶이는 경우가 있다. 나처럼 변화를 싫어하고 보수적인 성향의 사람들이 주로 그러하다. 이건 꼭 이래야 하고 저건 꼭

1 나의 아름다운 평대리 하숙집 전경 2 날씨 좋은 여름날의 빨래

저래야 한다. 명절은 가족과 함께 연말은 조용하게 출근은 정시에 밥은 조용히. 돌이켜 생각하면 꼭 그래야 한다는 법이 없는 그런 것들을 세상 중요하게 여기며 산다. 삶에 규칙성과 루틴은 중요하다. 안정감을 주기 때문이다. 하지만, '원래라는 건 없어요'를 증명하면서 사는 사람들을 만나면, 불확실함을 즐기며 살 수도 있겠구나 생각하게 된다. 인생이 원래 불확실한 건데 즐기지 못할 이유가 뭐가 있을까. 나 역시, 불확실한 것을 무릅쓰고, 혹은 기대하며 여기 온 게 아닌가.

제주의 동쪽 마을 바닷가. 당근이 많이 나는 동네 구좌읍 평대리.
작은 창으로 잔디 푸른 앞마당과 텃밭을 볼 수 있는 한 평 남짓 작은 방에 한 달 세를 들었다. 고정관념을 접어두고 큰 계획도 없이, 닥쳐올 것들을 기꺼이 즐기고자 하는 39호 하숙생. 그게 그 곳에서의 내 이름이었다.

같이 식사하는 즐거움

1997년, 직장생활의 시작과 함께 '어울려 먹는 밥'의 시대가 저물었던 것 같다. 인천에서 서울로 출퇴근하면서, 독립한 이후 나는 주로 밥을 거르거나, 혼자 먹거나 했다. '같이 먹는 밥'의 즐거움을 모르는 것은 아니지만, 사정이 그러하니 혼밥을 운명처럼 받아들이게 됐다. 그렇게 20여 년간 잊고 산 '여럿이 어울려 먹는 식사'가 안식월에서 부활했다.

제주인으로 눈 뜬 첫날, 창밖으로 파란 하늘이 보였다. 아직 새벽 6시였다. 절정을 향해 달리는 여름인 탓에 밖은 벌써 더웠지만, 기분은 상쾌했다. 이미 져 버렸을지도 모를 수국이 보고 싶었다. 6월 말부터 만개하기 시작한 수국이 이 더위에 남아 있을 리 없을 터였다. 그래도 혹시나 해서 이미 일어나 있던 숙소 주인에게 물었더니 기대는 하지 말라며 '비자림 근처에 한 두송이 남아 있으려나…' 한다. 한 달간 일이 없는 사람에게 수국을 보는 일은 매우 중요한 일이었다. 이불도 개지 않고 눈곱도 떼지 않은 채 비자림으로 갔다. 이미 물기가 빠지고 꽃잎이 더위에 타버렸지만, 수국이 수북하게 남아있었다. 원하는 것을 가질 수 있는 아침은 오랜만이었다. 너무나 기뻤다. 그 마음 그대로 아무도 밟지 않은 비자림을 한 시간여 서성거렸다. 충만한 기분을 느끼고 싶으면 큰 숲에서 아침을 보내볼 일이었다. 집으로 돌아가는 길에 수국 한 송이를 실례했다. 물에 꽂으면 몇 주고 꽃을 볼 수 있다고 했다. 이렇게 시들어가는 마당이니까, 수국도 용서해주겠지.

꽃과 함께 집으로 돌아가니, 조그마한 거실의 자그마한 앉은뱅이 식탁에 귤과 삶은 계란이 나를 기다리고 있었다. 푹푹 찌는 더위에 어딜 그렇게 쏘다니느냐며 웃는 하숙집 주인과 하숙생들이 자신들의 아침식사 후 날 위해 남겨준 거였다. 소소한 음식 곁에 꺾어온 수국을 놓았다. 인간의 배

1 아침에 만난 비자림로의 수국 2, 3 39호를 넉넉하게 담아준 정다운 하숙방

려와 자연의 선물이 만난 풍경은 그 자체로 완결된 예술작품처럼 보였다. 그 풍경에 반해 다짐했다. 제주인으로 사는 동안 매일 이 다정한 사람들과 함께 식사하리라.

숙소에는 쌀과 라면 등의 주식이 늘 준비되어 있었다. 숙소 주인의 취향으로 모인 갖가지 예쁜 그릇은 덤이었다. 묵어가는 손님들이 각자 필요한 재료를 사다가 제 마음대로 요리 해먹기에 그만이었다. 입이 짧은 13호는 자신은 안 먹어도 다른 이들을 위해 과일이나 삶은 달걀 같은 것을 즐겨 준비해주었다. 요리사 빰을 좌우로 세 번은 칠법한 34호는 주물럭, 된장찌개, 짜장 떡볶이 등 못하는 음식이 없었다. 내가 온 후 며칠 뒤 합류한 40호는 무슨 건강식조리사자격증 같은 게 있다고 했는데, 양식과 한식의 조화를 체현한 신비로운 아침 메뉴들을 내왔다. 한 집에 요리사가 세 명이나 됐다. 그 사이에서, 나는 내가 할 수 있는 최대한을 했다. 맛있는 것을 맛있게 먹을 줄 아는 재능을 발휘한 것이다. 밥을 한 사발 받으면 칭찬을 열 사발하며 얻어 먹었다. 음식을 한 입 먹고 기절하는 시늉을 하자 오스카상을 받아도 되겠다는 평이 돌아왔다. 그 능력을 십분 발휘했더니 하숙생들은 앞다퉈 나에게 자꾸 뭘 먹이고 싶어했다. 얻어 먹는 게 미안해질 때쯤 한번씩 오픈 토스트나 보말죽 같은 것을 끓여봤다. 매년 여름 혼자 해먹던 라따뚜이를 만들어 냈을 때는 찬사도 받았다. 처음 보는 사람들인데, 서로 밥을 해 먹이는 진기한 풍경이 그곳에 있었다. 그 밥의 힘으로 우리는 서로의 여행을 든든히 지지해 주었다.

공통의 특질이 없는 사람인데도, 밥을 함께 먹을 때 소통이 일어난다. 제각기 일상을 보내다가 식탁에 모여 앉는 아침과 저녁이면 서로의 경험이 만나 이야기 꽃이 핀다. 여행자여서 가벼우니까 그랬을까. 아니면 낯선 곳에서 저마다 외로워서 그랬을까. 이유 따위야 아무래도 좋았다. 누군가 식탁에 앉아 있으면 자연스레 곁에 앉아 먹거리를 꺼내고, 같이 먹으며 이야기를 나누는 것 자체가 즐거웠다.

그것은 한 달 제주살이에서 내가 얻어온 깨달음 중의 하나다. 사람과 이야기를 나누고 싶으면 밥을 같이 먹으면 된다. '밥 한번 먹자'라는 건 '이야기를 나누자' '같이 시간을 보내자' '소통하자'라는 뜻이다. 그러니까 여러분, 제가 밥 먹자고 하면 무서워하지 마세요. 제가 살게요.

함께 해서 풍요로웠던 제주 하숙집의 식사

한라산에서 만난 사람

제주 한 달 살이는 대체로 무계획으로 진행되었지만, 지내는 동안 꼭 하고 싶었던 몇 가지는 있었다. 그중에 하나가 한라산 백록담을 보는 것이었다. 한라산은 그전에도 중턱까지는 여러 번, 등산도 한 번 하긴 했는데 백록담을 본 적이 없었다. 우리나라에 전해지는 믿지 못할 전설 중 하나가 지리산 천왕봉 일출이나 한라산 백록담 같은 것을 보려면 삼대씩이나 덕을 쌓아야 한다는 것이다. 참으로 어처구니없는 전설이지만 몇 해 전 봄 한라산에 왔을 때 큰 교훈을 얻은 바 있다. 정말 따스한 봄날이었는데, 난데없이 몰아치는 눈보라에 휩쓸려 세상 하직하는 줄 알았던 관계로 '아! 삼대가 덕을 쌓아야 백록담을 본다는 말이 사실이겠구나'라고 생각한 것이다. 그런데 나는 선대가 덕을 쌓으셨는지 잘 모르겠고 후대는 아예 없을 것 같은 관계로, 그냥 어떻게 되나 올라나 가 보자 하는 심정으로 제주 살이 11일째 되던 날 새벽에 고요히 홀로 일어나 신발끈을 묶었다.

아직 빛이 들지 않은 성판악의 숲은 조용하고 시원했다. 지저귀는 새소리에 등산 본능이 깨어난 나는 자연과 혼연일체가 되어 내 맘대로 만든 노래를 부르며 흥에 겨워 등산로에 올랐다. 한마디로, 기분이 너무 좋아서 좀 멍청한 상태가 된 것이다. 피톤치드가 너무 많이 나오는 곳에 가면, 나는 좀 경계가 희미한 사람이 되는 경향이 있다. 헤실헤실 웃음이 나오고 아무에게나 친절해진다. 그날도 그런 상태가 되는 바람에 어떤 노부부의 타깃이 되고 말았다.

노부부는 등산로 가의 벤치에 앉아 있었다. 동방예의지국에서 엄격한 가정교육을 받고 자란데다 다량의 피톤치드 때문에 극강의 멍청이가 된 나는 당연히 "안녕하세요오~"라고 친절하게 인사를 드렸다. 그런데 아저씨가 스윽 일어나시더니 길을 먼저 올라가버리신다? 아주머니는 함박 웃음

꾸준히, 끝까지 나와 함께하셨던 한라산에서 만난 아주머니

을 지으시며 "여보 먼저 가요. 나는 이 예쁜 아가씨랑 이야기하면서 갈게"라고 하신다. 예쁜 아가씨라는 말에 나는 더욱 멍청해져서 아주머니와 함께 산을 올라가게 되었다. 알고 보니 아주머니는 관절염이 있으신데다 등산도 많이 안 해보셔서 다리가 무척 아프신 것 같았다. 중턱 즈음부터 급격히 체력 저하를 보이셨다. 아저씨는 축지법을 쓰시는지 이미 보이지 않으셨고, 중간 대피소 즈음에서 조우했을 때 이온음료를 하나 투척하시더니 배추도사 구름 타고 사라지듯 빠르게 올라가버리셨다. 아주머니는 휴대폰을 아예 내 가방에 넣으시고, 이렇게 훌륭한 딸을 낳으신 어머님이 대단하시다고 치하하기 시작하셨다. 그렇다. 그것은 주문이었다. 주문에 걸린 나는 더욱 멍청해져서 아주머님을 밀고 끌며 마침내 백록담까지 올랐다.

사실, 올라오는 내내 나는 이 노부부가 나를 전략적으로 이용하고 있음을 알고 있었다. 아저씨는 축지법을 쓰시는데, 아주머니는 등산을 잘 못하신다. 아주머니를 케어할 누군가가 필요했는데, 마침 피톤치드에 취해 세상 친절해 보이는 내가 제 발로 인사를 한 것이리라. 사실 처음엔, 나와 등산 속도가 맞지 않는 아주머니가 조금 성가셨었다. 어느 정도 안내해 드리다가 아저씨를 만나면 인계하고 올라가야지 생각했다. 그런데 아주머니가 들려주시는 이야기가 나를 아주머니와 끝까지 함께하게 했다.

아저씨는 평생 원양어선을 타셨다고 한다. 젊은 시절부터 가난한 가족을 먹여 살리기 위해 험한 뱃사람들과 몇 달씩 먼 바다로 나갔다가 아주 가끔 집에 돌아오셨었는데, 친구도 많지 않고 취미도 마땅치 않았던 아저씨가 그럴 때 유일하게 즐기는 일이 등산이셨던 것이다. 이년 전쯤 은퇴를 한 아저씨는 매일 등산을 하시는데 이번 한라산에서 아주머니와 함께 오르시면서 속도가 안나 답답해하셨던 것 같다. 평생 바다에서 떠돌던 남편에게, 남은 시간 동안 산을 원 없이 밟게 해주고 싶었던 게 아주머니의 마음이었던 모양이다. 그런 아저씨의 발목을 잡을까 봐 노심초사하셨던 것이다. "내가 속도를 못 맞춰서 답답하지요?"라고 조심스럽게 말씀하시는 아주머니께 "아니요, 빨리 가려고 온 게 아니고 다 보고 가려고 온 건데요 뭘"이라 답했다. 그리고 배추도사 아저씨는 산모퉁이마다 멈춰서 아내의 느린 걸음을 기다리셨다.

그 노부부는 내게 삼대가 쌓지 못한 덕을 한 방에 쌓게 하려고 나타난 산신임이 틀림없었다. 아주머니 등을 밀며 예상보다 두 시간 늦게 도착한 한라산 꼭대기에, 조금 전까지 끼었던 구름이 물러가며 백록담이 모습을 드러낸 것이다. 아저씨와 아주머니와 나는 서로 사진을 찍어주며, 백록담이 참으로 멋있다며, 이런 장관이 다시 없다며, 우리가 다 같이 삼대가 덕을 쌓은 모양이라며 함께 그 시간을 즐겼다. 그 때 거기에는 외국인도 무척 많았는데, 그들도 모두 삼대가 덕을 쌓았는지는 잘 모르겠다. 그리고 그 덕들은 한라산 백록담을 보는 데에 모두 소진된 게 틀림없다. 예고되지 않은 무시무시한 소나기에 위아더월드 혼이 비정상이 되어 으하하하 웃으며 미친 생쥐꼴로 하산하였으니 말이다.

그 만남 이후, 한라산에 두 번 더 올랐다. 한 번은 산꼭대기의 평원, 선작지왓(해발 1500-1700m 한라산의 평원)이 멋진 영실 코스고 다른 한번은 가볍게 오를 수 있는 어승생악이다. 영실 코스에서는 어느 중국인 가족을 지나쳤다. 관광객이 분명한 듯 했는데, 놀랍게도 어린 아기부터 초등학생쯤으로 보이는 아이가 셋에다, 눈먼 아버지까지 모시고 올라온 어느 부부였다. 처음에는 무모하다고 생각했는데, 아버지를 살뜰히 챙기는 부부의 모습에서 효심이구나 하는 생각이 들었다. 어승생악에도 한 가족을 만났다. 물을 준비하지 못해 목마르신 어머니 옆에서 안절부절못하는 부부와 그 자녀들이었다. 가지고 있던 물을 드리니 어머니께서 훌륭한 아가씨라며 칭찬해주셔서 앞으로 물을 많이 가지고 다녀야겠다고 생각했다(아 결론이 이게 아닌데…).

한라산 정상에서

한라산에서 만난 사람들은 거의가 가족 단위였다. 서로를 배려하고, 챙겼다. 평소에는 귀찮고 짜증이 날 때도 있는 가족이겠지만 그곳에서만은 달랐다. 보기 좋았다. 그것이 여행의 힘이 아닐까 생각했다. 낯선 곳에서 더 강해지는 결속력. 그래서 가끔은 가족과 여행을 가는 것이 좋겠구나 싶었다. 다음 안식월에는 가족 사이에서 희미해져가는 애정에 심폐소생술을 해볼까 싶어진다.

선작지왓에서 바라본 한라산 남서벽의 모습

호모파베르, 호모루덴스의 날들

호모파베르는 도구의 인간으로 물건이나 연장을 만들어 사용하는 데에 인간의 특성·본질이 있다고 보는 인간관이다. 호모루덴스는 놀이하는 인간을 말한다. 하숙생 39호는 그 두 특성을 모두 가진 인간임이 제주 한 달 살이를 통해 입증되었다.

먼저, 내가 호모파베르라는 데에 대한 근거를 제시해 보겠다. 제주살이 7일차 되던 날, 하숙생 39호는 마당의 풀을 뽑았다. 말 그대로 풀을 뽑았다. 집주인 할머니께서 매일 아침 '풀 뽑아라~' 노래 부르셨는데, 그 노래에 감동해서 그런 것 같다. 호미로 파고 삽으로 뒤집어서 뽑았다. 손님이 풀을 뽑다니, 있을 수 있는 일인가? 생각하는 사람도 있을 것 같다. 그런데 제주에는 함께 생활하는 사람은 협력에 필요한 제각기 역할을 다해야 한다는 암묵적 약속이 있다. 할머니 집에 세 든 사람은 할머니 마당의 풀을 함께 뽑는 식이다. 워낙 척박한 시대를 살아온 탓에 일종의 협동 정신이 발달한 것이라 생각된다. 여하튼 나는 자발적 풀 뽑기가 매우 좋았다. 풀한테는 좀 미안했지만, 풀이 뜯길 때 나는 냄새며 깨끗해져 가는 땅바닥을 보니 정화되는 기분이었다.

제주살이 하는 동안 실팔찌도 열 개쯤 만들었다. 어마어마하게 어설퍼서 민망할 정도의 수준이었는데, 나중에 아는 사람들에게 모두 선물로 줬다. 받은 사람들이 엄청나게 기뻐했다. 그러나 착용하지는 않더군요. 13호는 실팔찌를 정말 잘 만들었다. 한 달에 한 번 열리는 벨롱장에 나가서 팔자고 졸랐지만 까였다. 알고 보니 벨롱장에는 실팔찌 장사꾼이 어마어마하게 많았다. 어디나 경쟁이 치열하구나.

1, 2 하숙집 마당 풀 뽑던 날의 풍경 3, 4 제주의 취미생활 실팔찌와 종이꽃 만들기

하숙집 주인은 '요요무문'이라는 핫한 카페도 운영하는 사장님이었다. 이 카페 옥상에서 가수 전찬준씨의 콘서트가 열린 적이 있다. 그날 입장권 대신 착용할 종이꽃을 만들었는데, 내가 제일 잘 만들었다고 주장하는 바이다. 공연 전날 하숙생 모두가 모여서 한 사십 개쯤 만든 것 같은데, 만든 다음에 모두 섞여 버려져 어떤 게 내가 만든 건지 알 수는 없다.

그리고 할머니 댁의 방충망을 달았다. 마음 착한 40호 때문이었다. 40호가 어느 낮에 할머니 집에 가서 함께 TV를 보았는데, 건넛방 방충망이 고장 나 문을 닫고 있으니 너무너무 더워서 죽을 것 같더란다. 그러면서 나를 보며 "할머니 방충망만 달면 시원하게 문 열고 사실 수 있을 텐데…그치 언니?" 라고 말했다. "그렇겠지…"라고 답했더니 "방충망 달기 안 어려울텐데…그치 언니?"라고 한다. "그렇겠지…"라고 했더니 "언니가 달 수 있을 것 같은데…그치 언니?"라고 했다. 무심코 "그렇겠지…"라고 했다가 걸

려든 것이다. 알고 보니 40호가 낚시를 참 잘 하는 사람이었고, 나는 그렇게 생기지는 않은 주제에 미끼를 덥석 무는 인간이었다. 그래서 머리털 나고 처음으로 방충망이란 걸 달아봤다. 40호는 재료를 사 들고 들어온 나와 41호에게 거나한 점심상을 대령하고는 바로 일하라고 내쫓았다. 땡볕아래에서 방충망 작업을 하니 내가 더위인지 더위가 나인지 정신이 혼미했지만 어쨌거나 달았다. 쿨내가 진동하는데다 뭐든 신나게 하는 키 큰 41호는 더위를 심하게 먹었는지 방충망을 다는 내내 으하하하 웃어댔다. 이 경험으로 방충망 달기 역량이 강화된 나는 육지로 돌아온 이후 이사한 어머니 댁의 모든 창에 방충망을 완벽하게 설치하는 기염을 토하게 된다.

다음은 호모루덴스에 대한 근거이다. 예상들 하셨겠지만 아침저녁 집 앞 바닷가에서의 물놀이는 기본이었다. 어릴 때 바닷가에서 살아본 적이 있는지라 노는 법은 알고 있었다. 개 헤엄치기, 수경 쓰고 수중 생물 관찰하기, 성게 잡기, 보말 잡기 등등 한번 나갔다 하면 두 세시간은 쏜살같이 지나갔다.

호모파베르의 방충망 작업

낚시 가게의 강력한 영업에 휩쓸려 배낚시 그룹에도 끼어봤는데, 나는 키미테의 이상반응 때문에 눈이 풀린 채 구역질만 하다가 배에서 내렸다. 그걸 놀았다고 할 수 있을지 모르겠지만, 배의 파동에 몸을 맡기고 흐느적거리는 것도 재미라면 재미였던 것 같다. 그리고 그 배에서 돌고래를 봤다. 배가 일으키는 포말을 따라 놀자고 따라오는 돌고래 네 마리가 어찌나 신기하던지. 방구차(소독차)를 따라가던 어린애들 같은 느낌이랄까.

조금 고급스런 놀이, 즉 문화생활도 했다. 동녘도서관에서 가서 책을 읽을 때는 에어컨이 어찌나 시원한지 문명인이 된 기분이었다. 무슨 책을 읽었는지는 기억이 나질 않는다. 제주에 사는 동안 영화관에는 딱 한번 가봤는데, 마침 공유씨가 나오는 '부산행' 영화를 할 때였다. 온통 아가씨와 할머니들뿐인 평대리 시골에서 지내던 나는 '잘생긴 남자'라는 존재가 이렇게 안구를 정화시켜주는구나 라고 새삼 깨달았으며, 이후 잘생기고 예쁜 이들을 소중하게 바라 보는 사람이 되었다.

전에 한번도 해 본적이 없는 청귤청 만들기도 해봤다. 청귤청에 관심이 있다기 보다 청귤을 따는 게 재미있었고, 딴 청귤을 칼로 스윽스윽 저미는 것은 더 재미있었다. 어린아이들이 가위질에 몰입하듯 한 시간 이상 집중해서 칼질을 했는데 시간 가는 줄 몰랐다.

조개를 캐며 놀기도 했다. 사실은 조개 캐러 오조억 번 정도 먼~ 바다로 나간 것 같다. 이게 놀이본능인지 수렵본능인지는 잘 모르겠다. 눈뜨면 호미를 들고 나가 평대해변을 모조리 헤집었다. 조개는 잘 잡히지도 않았다. 그냥 땅을 파며 노는 것이 재미있었던 것 같다. 가끔 얻어걸리는 조개는 금쪽보다 반가웠다. 나의 조개 캐기 동반자인 40호는 조개가 하나 잡혔다 하면 저 멀리에서부터 헤어진 연인을 만나듯 내게 달려와 자랑하고는

1 청귤청 작업 2 성산일출봉이 보이는 해변에서 조개 캐기

했다. 한번은 성산일출봉이 바라다보이는 곳에서 조개를 잡은 적이 있다. 물이 빠질 때를 기다려 오후 내내 조개를 캤는데, 제법 굵은 것들도 있었다. 그 조개는 된장찌개에, 조개탕에 들어가 하숙생들이 둘러 앉아 먹는 밥상머리를 훈훈하게 만들어줬다.

호모파베르와 호모루덴스가 활개치는 사이, 생각하는 인간 호모사피엔스는 어떻게 되었을까? 제주 한 달 살이가 내게 준 아주 큰 선물 하나가 호모사피엔스를 해치웠다는 것이다. 나는 머릿속에 라디오가 켜져 있는 사람이다. 하루 종일 진행자가 말을 해대는데 그 내용이 온통 걱정에 대한 것이라서 골치가 지끈거린다. 그런데 제주의 하루하루는 호모파베르와 호모루덴스의 날들이었다. 뭘 만들고 노느라 너무 바빠서 호모사피엔스의 이야기를 들을 새가 없었다. 하숙생 39호는 시계를 보지 않았고, 날짜와 요일을 잊었다. 하루하루가 충만했다. 몸을 움직이면 머리가 쉴 수 있다. 현실로 돌아온 나는 호모 사피엔스가 너무 설친다 싶으면 호모파베르와 호모루덴스를 불러낸다. 이 친구들이 있는 한, 일상도 제법 괜찮게 지낼 수 있지 않나 싶다.

나를 부르는 제주의 오름, 숲, 구름, 바다

왜 꼭 제주에서 한 달을 보내야 했을까를 생각해 본 적이 있다. 시골이라면 내륙에도 있고, 바다라면 어릴 때 살던 주문진도 있다. 제주는 물가도 비싼 편이고 서울에서 가기 편한 곳도 아니다. 아예 나라를 옮겨 살 수도 있었을 것이다. 그럼에도 제주여야 했던 것은 아마도 자연 때문이었던 것 같다. 제주의 바다만이 가지고 있는 색깔, 제주에서만 볼 수 있는 상록수림과 곶자왈, 그리고 제주가 아닌 어디에도 없는, 오름이 있는 풍경 말이다.

제주의 오름은 그냥 나의 사랑이다. 그 사랑을 일깨워 준 것은 고인이 된 사진작가 김영갑씨의 사진이었다. 오래 전 제주 여행에서 만난 그의 사진 속 오름은 쓸쓸하고 강하고 부드러웠다. 큰 산에서 지는 노을을 보거나 황량하면서도 아름다운 시골 풍경을 보면 난데없는 슬픔에 사로잡힐 때가 있는데, 김영갑씨 사진 속의 오름은 그 슬픔의 정수만을 뽑아낸 것 같았다. 김영갑 작가는 특히 용눈이오름을 사랑했다고 한다. 그래서 올라가 봤는데, 그곳의 석양과 바람을 뭐라고 설명해야 할지 모르겠다. 지구를 떠날 때 마지막으로 있고 싶은 곳을 선택하라면, 그곳을 선택할 수 밖에 없는 그런 곳이었다. 제주에서 사는 동안 용눈이오름은 열 번쯤 올랐다. 다랑쉬오름은 두 번, 지미오름과 거문오름, 큰지그리오름, 샛개오리오름 한 번, 별똥별 쇼가 있던 날엔 아부오름에도 올랐다. 오름에서 오름 능선을 보고 있노라면 정말로 이 지구에 여행을 온 기분이 났다. 그만큼 생경했고 경이로웠다. 제주에는 360여개의 오름들이 있다고 한다. 언젠가는 그 오름들에 모두 가 보고 싶다.

오름만큼 아름다운 것이 제주의 숲이다. 그 여름, 제주의 숲은 땀을 뻘뻘 흘리는 것 같았다. 습했고 깊었다. 돌을 딛고 자란 곶자왈 숲은 걷고 싶은 이를 품기에 충분히 아늑했다. 기분이 가벼울 땐 절물자연휴양림, 교래자연휴양림, 사려니 숲길, 비자림, 환상숲 같은 곳이 그만이었다. 혼자 걷고 싶을 때는 동백동산, 한라산의 길들이 맞춤이었다. 혼자였다면 외로웠을 숫모르편백숲길은 40호가 같이 걸어주어 비가 쏟아지는 중에도 즐거웠다. 식물로 둘러싸인 그 시간들은 평화로웠다. 그 평화로움은 자력과 같은 힘이 있어서, 문득 제주에 가고 싶다는 생각이 들 땐 어김없이 그 숲에서의 시간을 그리워하는 것임을 깨닫곤 한다.

제주 한 달 살이에서 새롭게 발견한 제주의 매력은 구름이었다. 제주의 날씨는 변화무쌍하기로 대한민국 제일일 것이다. 바다와 높은 산이 함께 있어서인지 비가 왔다 해가 나기를 하루에도 몇 번씩 하는데, 그 영향인지 하늘의 요동이 볼만하다. 태양의 각도에 따라 시시각각 변하는 구름의 색깔과 모양에 입을 쩍 벌린 것이 한 두 번이 아니다. 뭉게구름이 하늘을 점령할 때는 하루 종일 보고 있어도 좋을 것 같았다. 서울에서 볼 수 없었던 깨끗하고 폭신한 구름은 모난 내 정신을 부드럽게 어루만져 주었다. 구름이 멋진 날 석양까지 좋다면 오름각이다. 어느 여름에 나는 그것을 보러 다시 제주에 가 있을 것임을 안다.

제주 바다야 말하지 않아도 알 것이다. 그래도 말할 수 밖에 없는 건, 그 속에 살아 숨쉬는 생명에 대한 것이다. 매일 제주바다를 들여다봤더니 미처 몰랐던 예쁜 생명이 많이 보였다. 아주 조그만 고둥의 다양한 무늬와 색깔은 귀여워서 기절할 지경이었고, 머리에 해초를 뒤집어쓴 보말도 귀엽기로는 고둥의 형님이었다. 어느 날인가 거대한 노무라입깃해파리가 등장해 수영객들을 혼비백산하게 만들었는데 나는 그저 신기하고 재미있었다. 더위가 조금 물러가자 숭어 떼가 수면 가까이 올라와 놀았고, 작은 줄돔들이 그 곁에서 술래잡기하듯 꼬물거렸다. 밤에는 손톱만한 오징어가

야광을 발하며 밤 바다의 반딧불 노릇을 했다. 그 모든 생명이 이 지구에서 나 같은 하숙생으로 살아가고 있다고 생각하니 애틋함이 밀려들었다.

그때를 떠나온 지 3년이 다 돼가는 지금도 눈앞에 선연한 것들은 그런 것들이다. 언제 가더라도 그 모습 그대로일 것들. 그 어떤 인위도 없이 제 모습으로 덤덤하게 살아가는 것들. 제주의 자연은 세상의 많은 혼란과 복잡함에 지친 하숙생 39호에게 질서와 평화를 선물해 주었다. 이제 하숙생 39호는 없지만, 그 기억은 내 남은 생과 함께 살아갈 것이다.

제주 바다가 품은 생명들

제주 하늘의 끝내 주는 구름들

힘을 내요 도시인들아

제주에 사는 한 달 동안 손님을 세 번 맞았다. 마중하고 배웅하러 제주공항에 네 번쯤 갔다. 비행기에서 막 내린 손님들은 얼굴이 활짝 피어 있었다. 내가 반가워서라기 보다 놀러 온 게 좋아서였을 것이다. 내 손님과 함께 비행기에서 내린 낯 모르는 사람들도 얼굴이 환했다. 기분 좋은 사람들의 얼굴을 보니 나도 괜히 기분이 좋았다.

도시에서 온 내 첫 손님은 동생 가족이었다. 첫 돌을 갓 지난 조카 양육에 지친 동생 부부는 수면부족과 인내심부족의 한계를 초월한 모양인지 부처님 같은 표정이었다. 흐물흐물한 표정으로 제주의 공기만 마셔도 좋다며 웃는데 그 모습이 왜 그렇게 짠하던지. 힘내라고 흑돼지 오겹살을 사줬는데, 혼자서 3인분을 해치운 동생은 '내 인생에 이렇게 행복한 시기가 올 줄 몰랐다'며 감개무량해 했다. 흑돼지오겹살을 먹으면 행복 호르몬이 다량으로 분비되는 모양이다.

두 번째 손님은 벗과 그 가족이었다. 섭지코지의 그 유명한 '봉황 섬' 숙소에 머문다고 해서 찾아가 봤다. 어머나. 좋은 숙소의 좋은 시설이란 이렇게 훌륭한 것이구나. 해도해도 너무한 더위에 노출되어 자글자글 익다가 쾌적하게 냉방이 된 실내로 들어가니 화장실에 앉아만 있어도 행복했다. 내가 너무 행복해하니 지인은 나더러 촌사람이 다 됐다며 깔깔 웃었다. 그녀와 그 아들과 숙소 내 수영장에 갔는데, 현란한 놀이시설과 목욕시설에 입이 쩍 벌어졌다. 그런 나와 대조적으로, 그녀는 숙소 주변 바닷가를 산책할 때에야 환호성을 질렀다. 바위에 돋은 이름 모를 보드라운 해초들을 맨발로 만지작거릴 때의 그녀의 표정, 점프샷을 찍겠으니 점프를 해보라고 했을 때 폭죽같이 터지던 그녀의 웃음이 아직도 기억이 난다.

마지막 손님은 나와 오래 산길을 걸은 연상의 여인이었다. 시집 장가 가버린 친구들을 약 올리기 위해 우리는 평생 독신으로 인생을 즐기자고 도원결의한 사이는 아니고, 어쩌다 보니 마음이 잘 맞아 여행도 산행도 함께 하는 사이다. 제주도도 함께 여러 번 왔는데, 올 때 마다 예정에 없이 체류를 하루 더 연장하는 데에도 마음이 맞는 벗이다. 이 분은 지난 제주여행에서 무릎 깊이 수심의 바다에 빠져 세상과 이별할 뻔한 공포를 겪은 뒤 맹렬히 수영을 배우셨더랬다. 물개만큼은 아니어도 생존수영이 가능해진 그녀는 그 해 여름 마음껏 평대리 바다 속을 들락거렸다. 밤에는 낚이지도 않는 물고기를 잡아보겠다며 낚싯대를 드리우고 하염없이 수다를 떨기도 했다. 시간 가는 줄 모르고 놀다가 예의 하루 더 체류를 연장한 그녀는 몸 건강히 지내다 돌아오라며 아쉬운 발걸음을 돌렸다.

그때, 내 손님들은 와서 같이 먹고 떠들고 쏘다니다 떠났다. '먹고 기도하고 사랑하라'라는 영화 제목이 화제가 되었을 때는 무감했는데 제주에 살며 그들의 여행을 지켜보니 그 영화 제목이 정말로 인생의 핵심이라는 것을 알겠다.

우리는 그저 있고 싶은 곳에서, 배부르고 다정하면 행복할 수 있는 보통의 사람들이었다.

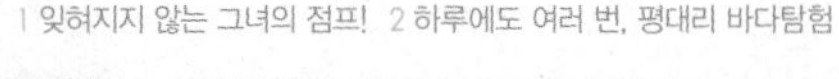
1 잊혀지지 않는 그녀의 점프! 2 하루에도 여러 번, 평대리 바다탐험

그들이 왔던 곳으로 가던 때의 뒷모습은 얼마나 축 처져있던가. 내 손님뿐 아니라 제주공항을 떠나는 여행객들의 어깨는 한 뼘쯤 내려 앉아 있었다. 떠나는 그들을 보면서 조그맣게 응원했다. 힘을 내요 도시인들아. 우리는 그저 이 지구에 80년 살이 체험을 하러 온 것일 뿐일지도 모르니, 그곳이 도시이든 어디든 즐겨보자고요.

가장 바쁘게 논 인간, 39호 하숙생

제주 한 달 하숙생 생활을 마치던 날, 하숙집 주인장이 한 말이 있다. '이렇게 열심히 돌아다니는 하숙생은 처음이었어요'. 아, 나는 게으른 인간이어서 자연친화적 조건에 던져놓으면 한없이 나무늘보가 될 줄 알았더니 아니었구나. 돌이켜보니 일분 일초가 아까웠던 것 같다. 떠날 때가 정해져 있는 여행이라는 것은 사람을 이렇게 부지런하게 만드는구나.

그곳에서 돌아온 후 나는 타임시트를 더욱 촘촘하게 정리하는 인간이 되었다. 한 달 전에 사람을 만나야 하는 일정을 정리하고, 일주일 전에 다음 주 업무를 스케쥴링 하고, 하루치 워크시트에는 시간대별로 업무를 배정한다. 업무일정만 정리하는 게 아니다. 내 개인 달력에는 주말에 놀아야 할 것들, 휴가 때 가보아야 할 곳, 만나고 싶은 사람들, 이번 주에 읽고 싶은 책과 먹고 싶은 음식들이 매주 업데이트 되고 있다. 마무리 시간을 정하면, 놀 시간이 더 많이 생긴다는 것을 알게 된 것이다.

나의 빡빡한 타임시트는 제주 한 달 살이 마지막 날, 제주를 떠나오던 배에서 시작되었다. 너무 놀아 호모사피엔스가 날아가 버려서인지 육지로 돌아가는 길에도 머릿속 라디오가 켜지지 않았다. 대신 이런 말이 네온 싸인처럼 반짝거렸다. '무리 금지, 혹사 금지, 진상 금지'. 한 달을 충실히 놀고 난 뒤 얻은 혜안이었다. 사람은 혹사하고 무리하면 진상짓을 한다. 혹사와 무리를 피하는 전략을 세워야 한다. 어떻게 해야 할까. 내 시간표에 호모파베르와 호모루덴스가 충분히 활동하게 하면 어떨까. 그러면 호모사피엔스가 미쳐 날뛰지 않겠지. 그래서 탄생한 것이(내 마음대로) 세상에서 제일 가는 타임시트다. 근무시간에는 호모파베르가 맹렬히 활동하고, 쉬는 시간과 주말, 휴가에는 호모루덴스가 출몰한다. 그러니까 제 자리에서 호모파베르를 만나면 반갑게 인사해주세요 여러분.

1 하숙집 주인장의 '요요무문' 카페에서 바라다 본 저녁 바다
2 한 달 살이를 마치고 제주를 떠나오던 날, 배에서 목격한 등대 풍경

엔자임헬스에서 총 세 번의 안식월을 보냈다. 일년 후쯤 네 번째 안식월이 온다. 첫 안식월은 무척 느리게 온 것 같은데, 두 번째 안식월부터는 점점 빠르게 다가와 있었다. 시간이 예전보다 빠르게 흐르는 것도 아닐 텐데 기분이 이러한 것은 왜일까. '어바웃 타임'이라는 영화가 있다. 조금 특이한 타임슬립 로맨스물인데, 내게 이 영화의 백미는 맨 마지막에 주인공이 깨닫는 장면이었다. 삶은, 생의 어떠한 순간을 대하는 나의 태도에 의해 그 윤택 수준이 결정된다는 이야기였다. 시간이 점점 빠르게 느껴지는 것은 내가 그 비밀을 알아버렸기 때문일 것이다. 그냥 흘려버리던 시간과 또렷하게 인식하며 보내는 시간이 질적으로 얼마나 다른지 느껴버렸기 때문일 것이다. 나는 첫 번째 안식월 보다 두 번째 안식월을 더 알차게 보냈고, 세 번째 안식월은 초인적인 힘이 필요할 정도로 알차게 보냈다. 네 번째 안식월은 기네스북에 오를 정도로 알차게 보내겠다는 생각을 가지고 하루하루를 뼈를 깎는 정성으로 업무에 매진하고 있다. 정말입니다 사장님!

이제 지구에서 남은 시간은 약 420개월. 내가 지구를 떠날 때 '지구에서 가장 바쁘게 논 하숙생'으로 기록되기를 바라며 오늘도 열심히 놀아보겠습니다.

김세경의 TIP

안식월을 맞이하는 직장인에게

1. 시간에 대해 주인의식을 가지시라. 안식월에 주어진 시간은 한 달뿐이다. 흘려버리든, 백 가지 일을 하든 그것이 나의 의도로 추진되게 하시라. 타인의 일정에, 타인의 계획에 기대어 시간을 보내면 불만이 쌓일 뿐이다. 타인바라기 하다가 싸움만 하고 찜찜한 기분으로 집으로 돌아가는 여행자, 생각보다 많다.

2. 꼭 하고 싶은 것이 무엇인지 미리 적어 놓으시라. 생각만 하면 의외로 실천이 잘 안 된다. 평소에 하고 싶었던 것들을 적어 두었다가, 안식월에 하나하나씩 도장 깨기 하듯 완수해보시라. 성취감도 있고, 기억에 오래 남는다.

3. 했던 것들은 그날 그날 짧게라도 적어 놓으시라. 제주에서 한 달 살기 할 때 매일 일기를 썼다. 너무 놀아서 초저녁부터 눈꺼풀이 눈을 덮으면 눈을 감고라도 썼다. 써 놓았더니 이렇게 글 쓸 기회가 왔을 때 과거의 자료와 기분을 쉽게 소환할 수 있었다. 지구를 떠날 때 추억하며 들여다 보기도 좋을 것 같다.

4. 몸이 보내는 신호를 알아차리시라. 평소에 일하던 몸은 노는 일에 적응하는 과정에서 극심한 피로를 느낄 수도 있다. 그런데 활동적인 여행가는 피로를 무릅쓰고라도 일정을 소화하려 한다. 이 과정에서 몸살이든 배탈이든 몸에 꼭 탈이 나는 사람이 있다. 놀 때 아프면 자신만 손해다. 조금이라도 피곤하다 싶으면 단백질, 비타민 잔뜩 챙겨먹고 하루쯤 푹 쉬시라. 다음날 건강하게 놀 에너지를 충전하시라.

5. 조금 손해 보는 것을 즐기시라. 여행에서 만난 사람에게서 뭘 얻으려 하지 말고 베풀어 보시라. 조금 손해 보면 마음이 편하고 즐겁다. 에누리 못 받았다고 너무 서운해하지도 마시라. 내가 베푼 덕으로 상대방이 즐겁다면 그 또한 따뜻한 일 아닌가. 상황은 잊히고 기분만 남는다. 베풀었을 때의 그 따뜻한 기분만 가지고 여행에서 돌아오시라.

6. 문제에 마주했거나 분쟁이 일어날 것 같은 상황이면 '아! 난 여행 중이지'라는 걸 떠올리시라. 여행 중에도 문제와 분쟁에 부딪힐 수 있다. 거기에 골몰하면 기분만 상하고 만다. 문제와 분쟁을 만나면 최대한 내 기분이 좋도록 하는 선택을 하시라. 어떤 문제든 모두가 지나갈 일이다. 지나고 나면 아무것도 아닐 일이다. 다시 말하지만, 상황은 잊히고 기분만 남는다.

7. 솔직히 말하자면, 안식월에 Tip이라는게 있는지 모르겠다. 그냥 가서 부딪혀보시라. 실수하고 실망하고 뜻밖의 만남을 가져도 보시라. 예쁘고 편하고 좋은 것은 그냥 그것으로 끝날 뿐이다. 날것으로 얻은 경험이 뼈에 사무칠 때에야 추억이 된다.

Zzz

대학생처럼 떠난
직장생활 4년차 스위스 배낭여행

고성수의 한 달 휴가

안식월이란?

'새로운 사전?'

나이가 들어갈수록 일상은 비슷해진다. 새롭게 보고 느끼는 것들은 결국 제한된다. 한 달이라는 시간은 생각보다 긴 시간이었고 안식월이 주는 묘한 '들뜸'이 더해져, 만나는 모든 사람들, 모든 것들이 조금은 새롭게 보였던 것 같다. 마치 어린이가 된 기분으로 매일매일 새로운 단어를 배워가는 느낌이었다.

고성수. 공익마케팅본부 대리

학창시절 김동석 대표의 헬스커뮤니케이션 수업에 매료되어 엔자이머가 되기로 결심. 6개월간의 인턴생활 후, 2015년 공익마케팅 본부의 일원으로 본격 합류했다. 정부기관의 공공캠페인, 공익정책 홍보 업무를 담당하고 있다. 부족한 능력이지만, 우리사회가 긍정적으로 바뀌는데 조금이나마 일조하고 있다는 신념으로 일하고 있다.

위대한 신은 … 모든 어린이의 영혼 속에서 날마다 언어를 창조한다.

_헤르만헤세『페터 가멘친트』

일종의 매너리즘, 아니 확실한 매너리즘이었다. 매일 같은 시간에 일어나 같은 곳으로 출근을 하고 같은 사람들을 만난다. 비슷한 업무에 비슷한 음식. 어제가 오늘 같고 내일도 오늘과 같을 일상의 반복. 반복의 반복.

1~2년차에는 그나마 '뭐라도 해야겠다'라는 생각에 목공방, 수영장, 체육관 등 여기저기 기웃거렸고 새로운 모임에도 종종 얼굴을 비추었던 듯하다. 그러나 연차가 쌓여갈수록 점차 그러한 시도조차 무의미하게 느껴졌다. 당연히 새롭게 창조될 언어 따위는 없었다. 위대하지 않은 신의 잘못이 아니라, 내 나이 듦의 탓이었다.

아마 운동을 해본 사람은 알 것이다. 새롭게 운동을 시작하거나, 제 뜻대로 플레이가 되지 않을 때 가장 빈번하게 듣는 조언. '어깨에 힘이 들어갔다.' 의욕만 앞선 상태에서 몸을 움직이다 보면 플레이는 더더욱 잘 안되고, 몸이 상하는 경우도 다반사이다. 3년차에 접어들면서 나 역시도 그랬다. 주어지는 일과 그에 따른 책임감은 늘어만 가는데, 지친 몸과 마음은 잘 따라주지 않았다. 억지로라도 집중하고, 힘을 짜내다 보니 어깨에 힘만 잔뜩 들어갔다. 잠시 심호흡을 하고, 힘을 빼줘야 했다.

입사 4년차, 나에게도 '한 달 휴가'를 누릴 수 있는 기회가 찾아왔다. 어깨에 잔뜩 들어간 힘을 뺄수 있는 기회, '아무것도 하지 않기' 라는 안식월의 테마 역시 그러한 맥락에서 나왔다. 그러나 '안식월'이 지닌 힘이었을까? 언제, 어디서, 어떻게 아무것도 하지 않을지를 고민하던 중 불현듯, 학창시절부터 마음 한 구석에 담아두있던 인생의 로망이 스멀스멀 기어 나왔다. 영화의 한 장면이었다.

> 동틀 무렵, 잠에서 막 깬 로건(휴잭맨 분)은 부스스한 머리에, 얇은 이불 한 장만을 걸친 채 밖으로 나간다. 나무로 지은 작은 오두막. 오두막을 둘러싼 끝없이 광활한 산맥. 오두막 안에는, 사랑하는 연인 실버폭스(린콜린스 분)가 잠들어 있다.

저런 곳에서 아무것도 하지 않을 수 있다면, 악마에게 이 보잘것없는 영혼이라도 한 조각 떼어 팔고 싶을 정도였다. (카드사에 할부로 팔았다. 아직 갚고 있는 중이다.) 그렇게 '매일 아침, 광활한 알프스를 바라보며 아무것도 안 하기. 혹은 커피, 맥주나 홀짝이며 하루를 낭비하기' 단 하나의 목적을 가지고, 무계획, 무일정의 13박 14일 스위스 여행을 결정했다.

결론부터 말하자면, 계획의 반은 성공이었고 반은 실패였다. 보통의 여행객이라면 3~4일, 길어야 7일 정도를 머무르는 스위스에서 2주를 보냈기에 남들보다 여유 있고 게으르게 일상을 즐길 수 있었다. 그러나 아무것도 하지 않기에는 스위스의 산과 호수, 대자연은 너무도 매력적이었다. 또한 그곳에서 즐길 수 있는 무궁무진한 액티비티가 끊임없이 나를 유혹했기에, 계획에 전혀 없었던 200% 꽉 찬 여행을 반강제적으로 즐기게 되었다.

여행의 신, 헤르메스는 생각보다 위대했다. 어린 시절을 훌쩍 지나버린 나의 영혼에서도 매일 새로운 언어가 창조되었다. 스위스에서 경험한 2주간의 일상을 표현하기에는 너무도 초라하고, 그곳에서 맛본 감동의 순간들을 담아내기에는 너무도 빈약하지만, 여기 간신히 그 흔적, 그 느낌이라도 전해줄 수 있는 몇 가지 테마를 준비했다.

스위스의 일상풍경. 11월인게 믿기지 않을 정도로 맑은 날의 연속이었다

시작은 로드무비

제네바까지의 12시간 비행은 차라리 양반이었다. 프랑크푸르트를 거쳐 마지막 경유지인 제네바에 도착한 시간은 저녁 10시 30분. USIM 칩을 다음 날 오전 취리히 공항에서 수령하기로 했던 터라 인터넷도, 전화도 되지 않는 상황에서 예약한 호텔을 찾아가야만 했다. 호텔까지는 약 1km. 미리 검색해 본 바에 따르면 공항에 인접한 대로변에 있었기에, 크게 어려운 미션은 아니었다.

> 이쯤에서 잠깐, 나의 또 다른 낭만에 대해 잠깐 이야기하고자 한다. 황량한 고속도로, 이방인인 남자는 무슨 사연이지 고속도로를 횡단 중이다. 그를 무자비하게 스쳐가는 서치라이트, 알 수 없는 언어로 쓰인 표지판…. 한 편의 로드무비.

그렇다. 나는 길을 잘 못 들었다. 인생이 걸린 갈림길에서 나는 아래쪽 길을 선택했고, 그 길은 나를 인도가 아닌 공항 고속도로로 안내했다. 돌아가기에는 너무 먼 길이었고, 가로등 하나 없는 길을 거슬러 올라가기에는 너무 겁이 났다. 그래서 직진! 24인치 캐리어를 끌고, 공항 고속도로를 따라 1km가량을 걸었다. 호텔이 인접한 대로변은 마침 공사 중이었고, 덕분에 입구를 찾아 한참을 방황한 끝에야 간신히 예약한 호텔을 찾을 수 있었다. 험난한 여정에 대한 보상이었을까? 호텔은 기대했던 것 보다 너무도 깔끔했고, 직원의 응대는 친절했다. 직원의 첫 마디가 아직도 생생하다.

'It's not on the reservation list'

불행히도 나의 예약은 11월 17일 당일이 아닌, 11월 18일 날짜로 되어있었다. 유일하게 남은 방은, 1박에 한화로 30만원인 럭셔리 트리플 베드룸

뿐. 눈물이 날 것 같았다. 한참을 고민한 끝에 공항에서 노숙을 하기로 결정했다. 다행히도 공항으로 돌아가는 길에는 인도를 손쉽게 찾을 수 있었다. 딱 하나 아쉬운 점이라면 가로등 하나 없는 숲길에, 디멘터 수십 마리가 몰려와도 어색하지 않을 기괴한 느낌 정도?(다시 선택권이 주어진다면, 차라리 고속도로로 걸어가는 걸 택하겠다.)

그렇게 생명의 위협을 느끼며 공항에 무사히 복귀할 수 있었다. 육체적으로나 정신적으로 상당한 타격을 받았던 터라, 한 손에 보드카를 든 채 잠든 취객과(그는 캐리어에 발을 올리고 잤는데, 자꾸 캐리어가 굴러가 잠에서 깼다. 웃음이 났지만, 들키면 보드카로 한 대 맞을 것 같아 간신히 참았다.) 코를 심하게 고는 아주머니 사이에서도 꿀잠을 청할 수 있었다.

내일은 무슨 일이 기다리고 있을까?

문득, 엄마가 보고 싶었다.

난 지금 행복해, 그래서 불안해

본격적인 여행은 낭만의 도시 루체른(Luzern) 근교에 위치한 슈탄저호른(1,898m)이라는 산에서 시작되었다. 나무로 된 빈티지한 푸니쿨라(밧줄의 힘으로 궤도를 오르내리는 산악 교통수단, 겉보기에는 작은 기차처럼 생겼다)를 타고 산을 오르는 동안, 11월임에도 여전히 푸르름을 간직한 능선이 발아래 펼쳐진다.

능선을 감싸고도는 작은 강들과 한가로이 풀을 뜯는 소떼, 그리고 투박한 원목의 색을 간직한 전통가옥 샬레는 이곳이, 여기가 스위스라는 것을 요란하지 않게 각인시켜주었다. 그렇게 풍경에 넋을 잃은 채 10분여 정도 산을 오르니, 세계 유일의 더블데크 케이블카(2층 케이블카로, 위층은 난간만 있는 오픈형), 카브리오가 우리를 기다리고 있었다. 환승 후 10분여가 지나도록 슈탄저호른의 제대로 된 모습은 보이지 않았다. 날이 흐렸던 터라, 구름만 자욱했다.

생각해보면, 맑은 지역에서 뿌옇게 안개가 낀 지역으로 극단적인 이동을 해 본 경험이 없었기에, 당시 눈앞에 펼쳐진 상황은 너무도 당혹스러웠다. 우리를 태운 카브리오가 산 정상에 가까워질수록 구름은 더욱 짙어졌고, 마침내 온통 구름밖에 없는 지역으로 우리를 안내했다. 1분여 가량, 옆 사람의 얼굴도 제대로 보이지 않을 정도로 구름이 짙어졌다. 그러다 갑자기 구름을 뚫고 나간다. 뿅. 구름 위 또 다른 세계가 펼쳐진다. 보는 순간 감탄사 밖에 나오지 않는 광경에 세계 각국의 다양한 감탄사를 들을 수 있었다. 산 아래는 제법 매서운 바람이 불고 흐렸지만 구름 위 정상은 바람 한 점 없는 햇살만 가득한 세상이었다.

조금 전까지 나를 넋 놓게 했던 스위스의 산과 강, 소떼와 집은 모두 새하

구름에 뒤덮힌 슈탄저호른

얀 구름 아래 자취를 감추었다. 말 그대로 구름의 바다. 구름의 바다 저편에는 융프라우나 아이거, 묀히와 같은 거산들이 거대한 군락을 이루어 늠름한 자태를 뽐내고 있었다. 세상을 뒤덮은 구름과, 이를 뚫고 나온 거대한 산맥의 군락. 거대한 자연을 마주한 인간. 대자연 앞에 자신이 얼마나 작고 무력한 존재인지를 깨달은 순간, 절로 눈물이 났다.

하지만 나중에 숙소 사장님께 들은 바로는, 고산지대에 가면 자외선 때문에 원래 눈물이 난다고 한다. 그것도 모르고 당시에는 나의 내면에 이런 감수성이 남아있었음에 상당히 감탄했었다.

정상은 이미 다양한 국적의 여행객들로 북적이고 있었다. 전망대에 위치한 노천 테라스에서 늦은 점심을 해결하거나, 맥주 혹은 커피를 홀짝이는 사람들. 한편에는 선 베드에 누워 느긋한 오후의 한 때를 보내는 모습도 보였다. 나 역시 전망대에 위치한 식당에서 맥주와 커피를 사와 선 베드에 몸을 뉘었다. 온몸을 감싸는 겨울의 햇살, 나무와 풀의 눅눅한 향기, 발 아래로 흐르는 새하얀 구름의 물결, 한 캔의 맥주에 기분 좋게 오르는 취기까지. 말 그대로 완벽했다. 그렇게 2~3시간 눕기도 하고, 가볍게 산책을 하며 보내고 있자니, 전망대에서 조금 떨어진 능선에 한 무리의 사람들이 보였다. 묘하게 호기심이 동해 무작정 그곳으로 향했다.

삼삼오오 모여 웃고 떠드는 사람들의 무리에 가까워지자 향긋한 냄새가 코를 자극했다. 모닥불에서 커피가 끓고 있었다. 그 모양새가 너무 낭만적이어서 사진을 찍고 있는데 "Do you like?" 깜짝이야! 한 중년 남성이 웃으며 말을 걸어왔다. 그렇게 커피를 얻어먹으며 짧은 영어로 담소를 나누고 있자니 사람들이 맥주며, 와인이며 온갖 것들을 가져다주었다. 모두들 술에 취했는지, 아니면 풍경에 취했는지 굉장히 들뜬 상태였고, 이내 누군가의 선창에 맞춰 즉석에서 요들 떼창이 시작되었다. 미디어에서 보던 것처럼 청량하거나, 기교가 넘치는 요들은 아니었다. 그러나 그 투박하고 단순한 요들에는 사람들을 따라 부르게 하는 힘이 있었고, 사람들을 춤추게 할 만큼 충분히 흥겨웠다. 즉석에서 춤판이 벌어졌고, 나 역시 반 강제적으로 춤판에 합류했다. (술을 얻어먹었으면, 춤을 추라고 했던 것 같다.) 그들과 어울려 춤을 추는데 자꾸 웃음이 났다. 행복했다. 그러다 문득, 혁오밴드의 노래 한 구절이 떠올랐다.

난 지금 행복해, 그래서 불안해 _혁오밴드, Tomboy 中

갑자기 이 여행이, 이 순간이 끝나버릴까
너무 불안해졌다.
불안은 여행 내내 계속되었다.

1 슈탄저호른을 느끼는 강아지. 눈이 보이지 않는다 2 모닥불의 커피. 신기하게도 와인 향이 났다
3 즉석에서 벌어진 춤판(feat.요들송)

여기서 죽고 싶다

또 다시 산 이야기.

슈탄저호른을 필두로 참 많은 산을 다녔다. 산의 여왕이라는 별명답게 고고하게, 혹은 거만하게 알프스 산맥을 관조하는 리기산(1,797m), 1st라는 이름에 걸맞게 유럽 넘버원의 절경을 자랑하는 피르스트(2,166m), 유럽의 지붕이자 누구도 넘볼 수 없는 위용을 자랑하는 융프라우(4,158m), 3대가 덕을 쌓아야 제대로 된 모습을 보여준다는 마테호른(3,883m)까지. 그 외에도 기차로, 케이블카로 이동하며 지나쳤던 수많은 산들.

그 중 나에게 가장 매력적으로 다가온 산은 '아이거'였다. 장군이라는 별명답게, 잘생기고 험준한 산. 알프스의 거친 푄(알프스의 북사면에 부는 국지풍)과 산사태에 상처가 난 설산을 현지 사람들은 '사람 잡아먹는 산'이라고 부른다. 아이거의 북벽은 암벽등반의 성지로, 수많은 이들이 도전하다 목숨을 잃었기 때문이다. 이를 소재로 '노스페이스(2008)'이라는 영화도 만들

어졌으며, 산 아래에는 목숨을 잃은 이들을 추모하는 공간도 있다. 무엇이 그들을 죽음도 불사하고, 도전하게 만드는 것일까? 아이거를 보는 순간 말로 표현하지 못해도, 그 느낌을 알 것 같았다. 그리고 그 느낌은, 여행의 말미. 마테호른에 동행했던 친구의 입을 통해서 조금 더 구체화 되었다.

"여기서 죽고 싶다"

마테호른을 보며, "죽기 전에 꼭 다시 오고 싶다"라는 나의 말에 돌아온 대답. 그들도 그러하지 않았을까? 죽기 전에 정복해야겠다가 아닌, 여기서라면, 죽어도 여한이 없다는.

스위스의 산들은, 딱 그만큼 매력적이었다.

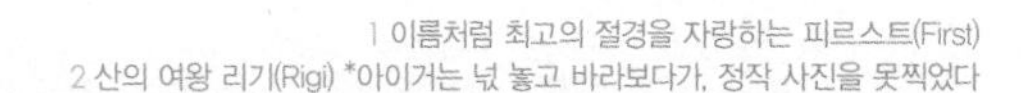

1 이름처럼 최고의 절경을 자랑하는 피르스트(First)
2 산의 여왕 리기(Rigi) *아이거는 넋 놓고 바라보다가, 정작 사진을 못찍었다

인생 카푸치노

"착륙하기 전에 약간, 아주 약간 겁먹을 정도?"

인터라켄의 숙소에 도착한 첫 날, 우연히(필연이다) 결성된 술자리에서, 옆방 치형이는 패러글라이딩이 하나도 무섭지 않다고 했다. 그 말에 속은 우리 융프라우방 룸메이트 3인방(성수, 세영, 희경)은 다음날 아침, 자신만만하게 스카이팀 승합차에 올라탔다. 이윽고 유창한 한국말로 팀원 소개를 해주는 파일럿 대장님. 여기 이 친구의 별명은 장난꾸러기, 여기는 초보자, 나는 살인마야. 골라! 그 순간, 오늘 하루가 쉽지 않겠다는 것을 직감했다. 우리는 내심 아무렇지도 않은 척하며 선택권을 그들에게 돌렸고, 나는 니콜라스케이지를 꼭 닮은 샘, 통칭 장난꾸러기에게 선택되었다.

활강장은 약 2,000m 고도에 위치했다. 그전까지는 유창한 한국말로 농담을 하고, 엉뚱한 장난을 치던 파일럿들이 장비를 착용하는 순간, 더없이 진지한 프로의 모습으로 돌변했다. 이곳의 파일럿들은 대부분 10년 이상 비행을 연마해온 프로들. 나와 함께 한 샘의 경우 지난 20년 동안, 수천 번 이상 비행한 베테랑이었다.

"쑤, 달려 달려, 앉지마!"라는 샘의 구령에 맞추어(한국말로 또박또박, 저렇게 말한다!) 도약한다. 바이킹의 고점에서 느껴지는 불쾌한 무중력을 느끼는 것도 잠시, 몸이 붕 떠오른다.

절경이 펼쳐진다. 수직으로, 수평으로, 끝없이 펼쳐진 알프스와 그 산등성이를 요염하게 둘러싼 구름 떼. 구름 사이에서 서서히 떠오르는 태양. 아침의 붉은 햇살과 구름이 뒤섞이며 주변이 황금빛으로 물들어간다. 본격적인 비행이 시작되자, 생각보다 차가운 공기에 손발이 저려온다. 동시에 정신은 맑아진다. 처음에는 눈에 보이는 모든 광경을 기억에 새기고자 집중했었다. 그러다 어차피 모두 기억하지 못할 것을 떠올리고, 그냥 눈을 감았다. 팔을 쭉 뻗었다. 뭔가 굉장히 오글거리는 자세이지만, 눈을 감으면 지금도 그때의 감각이 생생하게 느껴진다.

발 아래로 눈을 돌리면 들어오는, 에메랄드빛으로 반짝이는 튠과 브리엔츠 호수. 동시에 인터라켄 시가지의 모습이 하나 둘 구체적으로 보이기 시작할 즈음, 일이 너무 쉽게 풀린다는 생각이 들었다. 때마침, "뱅글뱅글, 많이? 조금?"이라는 샘의 외침이 들려온다. 남자의 자존심이 있지, "보통"이라고 자신 있게 외쳤다. 호탕한 샘의 웃음소리와 함께, 우리는 좌우로 크게 돌기 시작했다. 통칭 '뱅글뱅글', 단순히 돌기만 하는 것이 아니라, 바람의 흐름에 따라 위아래로 크게 요동친다. 생각했던 것 이상이었다. 더욱 무서운 것은, 종종 과하게 흔들릴 때면 샘도 덩달아 당황하는 것이 느껴졌기 때문이다. 리얼 어트랙션…. "아주 약간 겁먹을 정도?" 라던 치형이의 말이 다시 귓가에 맴돌았다.

비행의 끝. 착륙지점은 인터라켄 시내 한복판이다

비행의 순간. 말 그대로 구름 위를 날고 있다

정신의 끈을 간신히 잡고 착륙. 하늘을 올려다보니, 아직 비행중인 동생들의 모습이 보인다. 비명이 들려온다. 저건 분명 신나서 지르는 함성이 아니다. '나만 무서운 게 아니었구나!' 안도의 한숨. 두 친구가 내려오자마자, 우리는 재빠르게 걸음을 옮겼다. 목적지는 바로 카페.
비행 전 우린, 도원의 결의처럼 비장하게 다짐을 했었다.

"땅에 내려가면, 바로 카페로 달려가 커피를 마시는 거야. 콧물도 닦지 않은 채로!"

우리는 한참을 헤맨 끝에 간신히 카페를 찾았고, (오메가와 까르띠에 매장은 있어도, 스타벅스는 없는 인터라켄. 현지인들은 주로 호텔에 위치한 카페를 이용하기에, 일반적인 커피숍을 찾기가 쉽지는 않았다.) 그나마 우리에게 익숙한 메뉴인 카푸치노 세 잔을 시켰다. 비행의 여운을 고스란히 간직한 채 마시는 카푸치노의 맛은 부드럽고 달콤했다.

브리엔츠 호수에서의 낮잠

스위스 여행 중 가장 좋았던 것 중 하나가 바로 잠이다. 그즈음, 수면의 질이 좋지 않았던 터라 많은 시간을 자더라도 개운하다고 느낀 경험이 별로 없었다. 그러나 여행을 하면서부터는 여행의 피로 탓인지 날마다 깊은 잠을 잤고, 매일매일 상쾌한 아침을 맞이하였다. 일정의 중간 중간, 기차나 여객선에서 잤던 쪽잠 역시 굉장히 달콤했다. 그러나 단연 으뜸이었던 잠은, 지금 이야기하고자 하는 특별한 날의 낮잠이다.

"내일은 자전거나 탈까?" 굉장히 만족스러웠던 피르스트 투어를 함께 한 직후, 숙소사장님의 가벼운 꼬드김에 넘어갔다. 아무렇지도 않게 말했기에 그저 자전거를 타고 떠나는 가벼운 피크닉 정도로 생각했다. 돌이켜보면 일반자전거를 빌렸던 우리와는 다르게, '한 번 타보고 싶었다'는 핑계를 대며 사장님이 전기자전거를 빌린 순간 알아챘어야 했다. 험난한 여정이 우리를 기다리고 있다는 것을 말이다.

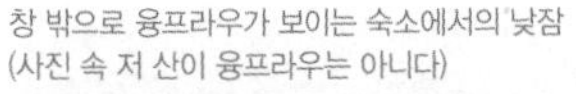
창 밖으로 융프라우가 보이는 숙소에서의 낮잠
(사진 속 저 산이 융프라우는 아니다)

브리엔츠 호수에서의 낮잠

인터라켄에서 출발해 근교의 작은 마을인 브리엔츠를 찍고 오는 약 54km의 코스(반환점에서 구글맵을 켠 뒤에야 코스의 길이를 파악했다. 맙소사!), 자전거를 타는 동안, 브리엔츠 호수의 절경에 입을 다물 수 없을 정도였다. 기차를 타고 이동할 때에는 미처 보지 못했던 아기자기한 마을들이 숨은 보석처럼 나타나고, 전망이 좋은 곳에는 어김없이 그늘을 드리운 나무들과 그 아래 원색의 벤치들이 휴식공간을 내어준다. 우리는 25km를 달려, 적당히 지친 상태로 반환점인 브리엔츠 마을에 도착했다. 준비해 간 컵라면을 한 그릇씩 해치우고, 찬밥까지 말아먹었다. 여기에 믹스커피까지 한잔 곁들이니 신선놀음이 따로 없었다.

겨울답지 않게 따듯한 날씨에 몸은 적당히 땀을 흘려 노곤해졌고, 거기에 배까지 부르니 자연스럽게 눈이 감겼다. 호숫가 바위에 기대어 약 20여 분간 졸았던 것 같다. 눈을 떴을 때 호수에 반짝이던 햇살. 문맹이라도 시를 한 편 뚝딱 써 내려갈 듯 한 장관이 펼쳐졌다.

가히 천국이었다.

그리고 돌아오는 길에는 또 다른 천국에 갈 뻔 했다. 색다른 광경을 즐기기 위해 호수의 반대편 길을 택했고, 갈 때 이용했던 포장된 길과는 다른 25km의 산길이 우리를 기다리고 있었다. 우리가 빌린, 따릉이보다 약간 나은 수준의 자전거로는 산길은커녕 언덕조차 제대로 오르기도 힘들었다. 그때마다 우리는 자전거에서 내려 끙끙대며 끌고 올라갔다. 비포장의 내리막길에서는 엉덩이가 산산이 부서지는 덜컹거림을 느꼈다. 약 7시간의 라이딩을 끝내고 돌아와 보니, 허벅지 안쪽은 모두 멍들어있었고, 제대로 걷기조차 힘들었다. 그럼에도 불구하고 돌이켜 보면 25km의 산길, 8번 자전거 도로에서의 라이딩은 환상적이었다.

1 라이딩 컨셉 샷. 저 때는 부끄러운 줄 몰랐다 2 그림 같은 이젤발트의 풍경

1 루체른의 청량한 호수, 브런치를 즐기고 있는 백조 2 베른의 명소인 곰 공원, 식빵자세를 취한 고양이
3 이젤발트의 당나귀 커플, 가칭 덩키퐁키 4 융프라우 정상의 까마귀, 카메라 조심!
5 하더쿨름의 명물 젖소, 사실은 모형이다

다음 생은 스위스의 고양이로

스위스는 헌법 80조에 동물 보호 조항을 포함시켰을 정도로 동물복지에 있어 선진국이다. 그래서일까? 스위스 여행을 하다 보면, 주요 관광지에서 반려견과 함께 여행하는 이들을 손쉽게 만날 수 있다. 여행 중 만나는 반려견들은 나에게 소소한 즐거움이었으며 국내에서는 쉽게 마주할 수 없는 색다른 동물을 보는 것 또한 특별한 즐거움이었다. 특히 해발고도 4,158m에 이르는 융프라우처럼 도저히 생명이 살 수 없을 것 같다고 느낀 지역에서 조차 모습을 드러내는 동물들을 보며, 이들의 생명력에 감탄하곤 했다. 그래서일까? 내 카메라와 핸드폰에는 동물 친구들의 사진이 너무 많다. 혼자 보기 아까워, 여기 가장 매력적인 친구 5명을 사진으로 소개한다.

한 달 휴가를 마치며

다시 혁오밴드의 노래 한 구절.

> "젊은 우리 나이테는 잘 보이지 않고, 찬란한 빛에 눈이 멀어가는데"
>
> _혁오밴드, Tomboy 中

3년 하고도 8개월간의 회사 생활을 하며 잘 살고 있는지에 대한 확신이 서지 않았다. 물론 업무적으로는 분명 성장해가고 있음을 느꼈지만, 그것들이 단순히 시간과 경험의 축적에 따른 너무도 단편적인 성장으로 느껴지기도 했다. 쉽게 말하자면, 타인과의 비교였다. 기본적으로 남과 잘 비교를 하지 않는 성격임에도, 문득 그런 생각이 떠오르는 날이면, 해마다 쌓이는 내 나이테가 보잘 것 없이 느껴졌다. 내 삶이, 꿈꾸던 아름드리나무가 아닌 초라한 가로수가 될까 두려웠다.

공교롭게도, 이번 안식월은 만으로 30번째 나이테가 끝나고 새로운 나이테가 쌓이는 날 시작되었다. (생일이 11월 16일, 안식월이 시작된 날이 11월 17일이었다) 스위스에서 보낸 2주간, 그리고 그 후 어머니와 오붓하게 다녀온 오사카 여행에서 많은 것을 보고 느꼈다. 알프스의 대자연과 향긋한 와인, 맥주와 커피, 친구가 된 사람들 그리고 굉장히 바쁜 시기임에도 묵묵히 업무를 백업해준 팀원들의 배려 덕에 일에 대한 걱정 없이 온전히 쉴 수 있었다. 쉬다 보니, 앞으로 어떻게 해야 할지 조금이나마 감을 잡을 수 있었다. 그동안 정신없이 달려오느라 제대로 보지 못했던 내 나이테를 조금은 거리감을 두고 바라볼 수 있었던 것이다.

다행히, 너무 조급하지는 않아도 될 것 같다.

> 긴 겨울이 끝나고 안으로 지쳐 있던 나
> 봄 햇살 속으로 깊이깊이 걸어간다
> 내 마음에도 싹을 틔우고
> 다시 웃음을 찾으려고
> 나도 한 그루 나무가 되어 눈을 감고
> 들어가고 또 들어간 끝자리에는
> 지금껏 보았지만 비로소 처음 본
> 푸른 하늘이 집 한 채로 열려 있다.
>
> _이해인 『봄 햇살 속으로』

고성수의 TIP

스위스 여행 Tip

① 스위스 패스 이용하기

스위스 패스란 외국인을 대상으로 한 스위스 국내 교통 패스로, 스위스 교통 시스템에 가맹된 대부분의 교통망(기차, 버스, 유람선, 트램 등)을 해당 기간 중 무제한 이용할 수 있는 패스이다. 특정 산악열차와 케이블카 이용 시에는 할인 혜택이 주어지며, 박물관 등 주요 시설에 대한 무료입장 역시 가능하다. 스위스의 살벌한 물가 중에서도 교통비는 더더욱 살벌하기 때문에 스위스에서 1개 지역 이상을 방문할 계획이라면 가급적 패스를 이용하는 것이 좋다. 간단한 예로, 인터라켄에서 몽트뢰까지 골든패스 한 번만 이용해도 패스 가격의 1/3에 해당하는 혜택을 받을 수 있다.

② 여행의 절반은 날씨

스위스의 날씨는 변덕이 심하다. 더욱이 융프라우나 마테호른 등 주요 관광지의 해발고도가 높아, 흐린 날엔 구름 탓에 제대로 된 모습을 보기조차 힘들다. 이 때문에, 스위스 여행 시에는 매일 매일의 여행지를 정해 두지 말고, 당일 날씨에 맞춰 융통성 있게 일정을 조정하는 것이 필요하다. 메테오 스위스 어플을 활용하거나 스위스 각 지역의 웹캠을 보여주는 사이트를 활용하면 편리하다. 한편으론, 스위스 여행을 하다 보면 '날씨 요정'을 자처하는 사람들이 나타나곤 하는데, 이들과 함께 동행 할 경우 이상하리 만치 좋은 날씨를 경험할 수 있다.

③ 인터라켄에서는 '치코'를

서두에서 밝힌 바와 같이, 이번 여행의 테마는 굉장히 정적이었다. 그러나 이 한인 민박을 만나고 나서부터, 굉장히 동적으로 흘러가기 시작했다. 물론 좋았다는 말이다. 교통의 요지인 인터라켄에서도, 당당하게 서역 정면에 떡~하니 위치한 입지. 더욱이 엉뚱 발랄하지만, 스위스에 대한 엄청난 애착과 해박한 지식을 보유한 사장님으로부터 고급 정보를 얻을 수 있다. 기분이 좋은 날 함께하는 투어는 가히 압도적이다. 여기에 융프라우, 묀히, 아이거 등 거산을 한눈에 볼 수 있는 숙소의 전망은 금상첨화이다.

마음의 근육을 키우는 시간
아시아 3개국 테마여행

이지수의 한 달 휴가

나에게 안식월이란?

매일 지쳐가고 있었고 작은 일들에도 예민하게 반응했다. 바쁘게 돌아가는 하루의 일상이 힘겹고 피곤했다. 그런 나를 위해 나의 몸과 마음에는 따뜻한 위로가 필요했고 더 단단하게 나를 붙잡기 위한 튼튼한 마음의 근육이 필요했다. 나에게 안식월은 그런 시간이었다.

이지수. 마케팅본부 상무

현재 엔자임헬스 마케팅본부에서 사람들의 행동을 건강하게 변화시키는 공공캠페인 전략 기획과 브랜드마케팅 전략 컨설팅 파트를 담당하고 있다. 맥켄 에릭슨, 오길비앤매더 등 글로벌 에이전시에서 한국 오피스의 Healthcare Division 리더로 일하다가 엔자임헬스에 합류한지 9년차가 되었고 헬스케어 분야에 첫 발을 내딘 지는 20년이 넘었다. 최근에는 브랜드 경쟁력을 높이기 위한 헬스케어 브랜드의 크리에이티브 컨셉 개발과 프로페셔널 마케팅 전략컨설팅 업무를 진행하고 있다. 회사가 위치한 정동길에서 봄, 여름, 가을, 겨울을 8번째 보내며, 고즈넉한 덕수궁 돌담길과 운치있는 붉은 벽돌 건물, 그리고 따뜻한 정동길을 가장 좋아하는 한 사람이기도 하다.

제대로 쉬어 보고 싶다

터프한 에이전시 생활 16년차, 정말 쉼없이 달려왔다. 눈뜨면 가장 먼저 확인하는 것도, 잠자기 전 가장 마지막에 확인하는 것도 모바일이다. 심지어 밤중에 자다가 잠깐 깼을 때도 모바일을 확인하고 때로는 회신 메일까지 쓴 후에야 잠들곤 했다. 그렇게 24시간 모바일 메세지와 이메일을 확인하는 것이 습관이 되어버렸다. 누가 봐도 이미 워커홀릭 중증이상의 상태다. 때로는 너무 무리하게 일을 해서 나의 몸과 마음을 힘들게 했고 병원신세도 세 번쯤 진 것 같다.

급성 신우신염으로 병원에 입원했을 때는 양쪽 겨드랑이에 얼음 주머니를 낀 채 무릎에 노트북을 올려놓고 일을 해야 했다. 갑자기 입원하게 되는 바람에 회사업무를 마무리하지 못한 것들이 걱정되었다. 열이 내려야 퇴원시켜 준다는 선생님의 말씀에 병실에 얌전히 누워서 시키는 대로 먹고 쉬고 자며 퇴원만을 기다리기도 했다. 내 머리는 항상 뜨거웠고 늘 마음의 여유가 없었다.

어느덧 일과 나의 라이프스타일에 대한 대한 피로감이 커져가던 때,
잠시라도 평안하게 숨쉬었으면.
일상의 여유를 가졌으면.
하고 생각하던 그때 나에게도 안식월이 찾아왔다.
나를 위한 '시간', 처음 맞이하는 '쉼표'.
나에게는 무엇이 필요할까? 행복한 고민이 시작되었다.
먼저 '나의 온전한 쉼표'을 위해 스스로 굳게 마음먹고 일정을 비워보기로 했다.

휴가를 떠나도, 출장을 가도, 누구든지 언제나 연락이 닿도록 해두고 자리를 비웠다. 실제로도 잠을 줄이고 시차를 맞춰가며, 항상 연락이 닿도록 모든 채널을 열어두고 있었다. 그러나 그 때문에 출장이나 휴가 일정에 온전히 충실하지 못했다. 출장 일정에 충실하지 못한 것은 비용낭비고, 휴가 중 업무처리는 민폐였다. 나를 이해해주고 기다려주고 배려해주어야 하는 여행메이트들에게 늘 미안했다. 그래서 이번에는 내 다짐을 미리.. 여러 번 반복해서 선언하고 나 스스로도 여러 번 굳게 다짐했다. 그래~ 한번 제대로 쉬어보자!

첫 번째 안식월에는 한 달이라는 긴 휴가 동안 내가 하고 싶었던 일들을 하며 의미있게 보내고 싶어서 해외 단기 연수 프로그램을 신청했었다. 그러나 목적지인 시카고로 떠나기 10여일전 아버지께서 갑자기 쓰러지셨고, 중환자실에 계시다가 3일만에 가족 곁을 떠나셨다. 아버지 장례식을 치르고 난 후에야 나는 미처 취소하지 못한 시카고행 비행기를 타게 되었다.

그 해 안식월은 계획했던 것과는 다르게 내 마음을 다잡고 온전히 홀로 서기 위한 시간이었다. 시카고대학에서 law school을 졸업하는 사촌동생 졸업식에도 참석하고 작은집 가족들과 함께 시카고 심포니 오케스트라 공연도 보고 존핸콕타워 시그니처 라운지에서 아름다운 시카고의 야경도 즐기며 연수일정 전후로 바쁜 시간을 보냈지만, 그 순간을 충분히 즐기지 못했다. 아니 즐길 수 없었다.

그렇게 첫 안식월 휴가를 다녀온 후, 나는 일상으로 돌아와서 다시 분주하게 달리기 시작했다.

두 번째 안식월이 찾아왔다

나의 몸과 마음이 한창 바쁘던 어느 날
3년만에 나에게 두 번째 안식월 휴가가 찾아왔다.
그러나 실제로는 6년만에 처음 쉬어보는 한 달 휴가였는지 모른다.

한 달쯤 자리를 비운다는 생각에 나는 6개월전부터 마음이 분주했다. 매일매일 예측하지 못하는 일들이 발생하는 상황에서 내가 한 달 동안 자리를 비우고 혹시 연락이 닿지 않더라도 업무가 원활히 잘 돌아갈 수 있도록 미리 철저히 준비해두어야 한다는 생각이 컸다. 어느덧 나는 안식월을 떠날 때가 되었고 그때까지 그 준비가 제대로 다 되지 않은 것 같았다. 늘 변수가 생기는 상황들 때문이다. 결국 나는 언제든지 연락하라는 다른 옵션을 하나 더 주고 서울을 떠났다. 두 번째이지만 온전한 첫, 나의 안식월 휴가를 위해.

두 번째 안식월 휴가일정을 잡은 후 본격적으로 안식월 준비를 시작하였다. 사실은 그때 즈음에 오랫동안 쌓인 피로감이 컸다. 지쳐가는 내 마음을 깊이 달래주는 '나를 위한 힐링타임'이 필요했다. 모든 일상에서 벗어나 '나만의 자유시간'을 갖겠다고 굳게 마음 먹었다.

먼저, 내가 원하는 안식월 계획의 기본 가이드라인을 세우고 나의 컨셉과 방향에 맞는 목적지를 찾기 시작했다.

첫째, 누군가와 함께 보내는 여행.
점점 혼자 있는 시간이 많아지고 익숙해지는 반면에 누군가와 함께 보내는 시간이 어색하고 불편해지고 있었다. 언제든 훌쩍 떠날 수 있다는 이유로 혼자 떠나는 여행도 이미 너무 많이 해봤다. 이제는 누군가와 더불어 시간을 보내는 노력을 해봐야겠다고 생각했다. 그래서 누군가와 함께 갈 수 있고, 함께 시간을 보낼 수 있는 여행지를 선택했다.

둘째, 2주 이내 짧은 일정으로 계획 세우기.
첫 번째 안식월에는 한 달 동안 해외에서 보내는 일정으로 계획을 세웠었다. 긴 기간 동안 낯선 도시에서 지내는 여행은 처음이라 여행 준비는 서툴렀고, 한 달의 여행일정을 위한 무거운 짐도 버거웠다. 국내선 항공으로 도시 간 이동하는 일정과 한 도시에서도 호텔을 여러 번 바꿔야 하는… 조금은 무리한 계획을 세워서 힘들었다. 그래서 이번에는 2주 이내 일정으로 한 도시를 돌아보는 것에 집중했고 더불어 짐도 가볍게 줄였다.

셋째, 새롭거나 다른 시각으로 바라보는 도시여행.
세상은 넓고 가보고 싶은 나라는 많고 아직 못 가본 나라도 셀 수 없을 정도로 많다. 일단은 호기심을 자극하는 새로운 곳이면 좋겠고 평소에 혼자 가보기 어려운 도시를 동행들과 가보면 좋겠다고 생각했다. 나의 일정에 맞추어 함께 떠날 수 있는 동행자가 있다면 누구든 좋겠다고 생각했다.

이런 기준으로 나의 안식월을 위한 목적지를 정하고, 가까운 도시에서 '함께' 그리고 '누군가와 더불어 보내는 시간'을 가져보기로 했다. 함께 보낼 수 있는 사람들을 찾아 세 가지 스타일의 세 가지 도시 여행 계획을 세웠다.

처음 가보는 휴양도시 보라카이에서, 함께 하는 힐링타임.
15년 만에 방문하는 호치민과 다낭에서, 함께 하는 도시투어.
그리고 오사카와 교토의 핫 플레이스에서, 함께 하는 미식투어.

처음 가보는 휴양도시 보라카이에서 힐링하다

화이트비치와 아름다운 일몰로 유명한 보라카이에서 안식월 첫 날이 시작되었다. 항공일정상 밤비행기로 도착해 몸은 피곤했지만, 짐을 풀자마자 해변가에 자리를 잡고 페페로니 피자에 산미구엘을 곁들이며 보라카이의 밤바다를 마주했다. 비록 일상에서 쌓인 만성피로와 생소한 보라카이 여행의 피로함에서 벗어나지 못해 노곤노곤한 상태였지만 안식월 첫날을 워밍업하기에는 충분한 밤이었다.

거의 새벽이 되어서야 잠자리에 들었다가 풀냄새 가득한 동남아 리조트뷰가 아침 햇살에 반짝일 때쯤 느즈막히 일어나서 이메일을 확인하려고 자리를 잡았다. 동남아가 처음은 아니건만… 보라카이의 와이파이 상태는 생각했던 그 이상으로 불안정했다. 호텔 내에서도 와이파이가 잘 안 잡히는 경우가 많았다. 혹시 와이파이가 잡히더라도 그 속도가 인내심을 요할 정도로 아주 열악한 상황이었다. 첫날부터 메일을 열어보려 오전내내 씨름했지만, 결국 나는 마음을 접고 간신히 연결된 카톡으로 당시의 내 상황을 간단히 알렸다. 나는 안식월 첫날부터 나의 주요한 일상인 이메일 확인에서 강제적으로 자유로워질 수 있었다. 드디어.

함께 떠난 일행들과 보라카이의 화이트비치에서 여유있게 힐링타임을 보냈다. 정말 기대하지 않았던 보라카이, 그러나 보라카이를 잘 아는 지인들과 떠난 덕분에 하루하루 재미있는 다양한 체험들을 할 수 있었다. 매일 아름다운 노을을 보며 하루를 마감하고, 밤에는 텅 빈 리조트 수영장에서 하늘 가득히 빛나는 별들을 바라보며 칵테일을 마시고 통돼지 바비큐 파티를 했다. 밤새 모래사장을 떠들썩하게 하는 보라카이 클럽투어를 구경하고, 때로는 삼삼오오 어울려 너무도 화창한 보라카이 골프리조트의 페어웨이에서 땀을 뻘뻘 흘리며 골프를 즐겼다. 매일매일 무언가를 하면서 하루의 저무는 해를 바라보았고 산미구엘을 마시며 무더위를 식히고 하루를 마감했다. 보라카이의 눈부시게 화창한 햇빛과 해질녘이면 어김없이 찾아오는 아름다운 노을, 그리고 시원하게 갈증을 풀어주던 산미구엘은 내 마음속에도 오랫동안 뜨겁게 기억될 것 같다.

나에게는 생소한 도시였지만 다행히 여러 사람들과 함께 어울린 덕분에 보라카이의 다양한 뷰포인트를 즐길 수 있었다. 특히 호핑투어를 다녀왔던 크리스탈 코브를 추천한다. 크리스탈 코브는 파도가 센 곳이라 근처까지 갔다가도 섬으로 들어가지 못하고 돌아오는 경우가 많다고 한다. 그러나 우리는 운 좋게 무사히 도착하였다. 크리스탈 코브는 섬 안의 곳곳이 아름답지만, 숨겨진 아름다운 장소도 많으니 잘 찾길 바란다. 단, 혼자서는 찍기 어려운 장소가 많으니 함께 출발한 일행들과 함께 무리지어 다니며, 인생사진 찍기에 도전해보기를 바란다. 특별한 인생사진을 건질 수 있는 확률이 높아질 것이다.

사실 큰 기대 없이 떠난 보라카이, 그러나 내게 '마음의 여유'와 '힐링의 시간'이라는 큰 선물을 주었다. 만약 보라카이를 다시 가볼 수 있는 기회가 생긴다면, 그때는 골프전용 리조트에 머물며 낮에는 골프를 치고, 때

화이트비치에서 즐기는 산미구엘과 칵테일 음료

로는 다이빙을 즐기며 지내고 싶다. 해질녘이면 바닷가에서 세일링보트를 타고 맥주를 한잔하며 보라카이의 화창한 하늘과 해지는 바다풍경을 즐길 것이다. 물론 하루의 마무리는 화이트비치의 모래사장이나 바다가 보이는 레스토랑에서 커리나 피자를 먹으며 마감하지 않을까. 밤마다 벌어지는 다양한 이벤트와 사람들을 구경하면서 말이다. 언제가 될지는 모르겠지만, 그때를 기대해본다.

보라카이 여행 Tips!

매일밤 화이트비치만 거닐어도 볼거리가 다양하다.

해질 무렵은 세일링 보트를 타기에 가장 좋은 시간이다.

썬크림은 현지에서 살 수 있지만, 상비약은 미리 챙겨가야 한다.

보라카이를 사랑하는 사람들의 커뮤니티내 정보들을 활용하라.

아름다운 섬 '크리스탈 코브' 호핑투어를 추천한다.

숙소는 메인 스트리트에서 멀지 않은 곳으로 잡는 것이 좋다.

무엇보다 바쁜 일상과 분주한 마음은 모두 서울에 내려놓고 떠나라

해질녘에 더 많아지는 세일링보트_풍경만으로도 힐링이 된다

15년 만에 방문하는 호치민 그리고 다낭을 투어하다

2003년쯤 베트남 호치민에 처음 갔었다. 그 당시 호치민은 외국인들이 많았던 일부 지역을 제외하고는 다시는 가고 싶지 않을 만큼 열악한 상황이었던 것으로 기억한다. 우리나라에서 폐차되는 낡은 승용차가 그 당시 호치민 시내를 누비는 택시였고, 대부분의 차는 문을 붙잡고 운전해야 하는 위태한 상황이었다. 승용차의 속도는 달린다기 보다는 기어가는 듯 보였다. 가다가 서지만 않으면 다행이라는 언니 말이 더욱더 나를 놀라게 했던. 호치민의 재래시장 벤탄마켓에서 언니네 집까지 대략 20-30분 정도 소요되는 거리였는데, 세 번씩이나 택시를 갈아타고 집에 간 적도 있다고 했다. 제발 서지만 말아달라고 온 가족이 간절히 기도하며 귀가했다고.

그러나 최근 베트남이 사람들의 입에 자주 오르내리고, 언니네 가족들이 10년 넘게 지내온 삶의 터전이 되는 나라이기도 하고. 특히 미국과 한국에서 지내본 조카가 자기는 베트남이 가장 편하고 좋다고 말하기도 해서. 이번 안식월의 두 번째 목적지로 선택했다. 15년 만에 그렇게 호치민을 다시 찾았다. 그리고 누군가와 함께 보내겠다는 이번 안식월의 컨셉에 맞춰 언니네 집에서 언니네 가족들과 어울려 지내보기로 했다.

2017년 3월에 다시 방문한 호치민은 내가 기억하는 것과 완전히 다른 모습이었다. 대규모 외국 자본이 들어와서 여기저기 공사가 활발히 진행되는 중이었고 외국인들도 예전보다 많아진 느낌이었다. 사람들이 많이 이용하는 것 같지는 않았지만 고급백화점이 생겼고 확실히 도시 자체가 Active한 느낌이 들었다. 무엇보다 맛있는 음식과 이색적인 레시피들은 나의 호기심을 자극하기에 충분했다. 허름하지만 맛있는 동네 가게들도 나에게는 꽤 매력적으로 느껴졌다.

베트남 호치민에서 맛본 다양한 나라의 음식들

내 인생 최고의 커피, 아보카도커피를 마신 마스티지카페

호치민의 전문가이드 수준이라고 할 수 있는 언니 덕분에 호치민에서 꼭 가봐야 할 곳들을 빼먹지 않고 관광할 수 있었다. 다양한 베트남식 누들을 맛보고 나의 일부 지인들이 인생 커피라고들 말하는 '아보카도 커피'도 마셨다. 딱 알맞게 익은 신선한 아보카도가 80%쯤 포함되어 있는 듯한 아보카도 커피는 매일 먹고 싶은 맛이었다. 데탐거리의 분짜맛집으로 유명한 분짜 145, 베트남의 스타벅스라는 하이랜드 커피숍, 모두 호치민의 현재 모습을 보여주는 문명의 산물인 듯 보였다.

심야시간에 더 볼거리가 많은 호치민 시장

호치민에서 가장 난코스는 오토바이들이 달리는 큰 도로들을 건너는 것이었다. 언니의 "나만 따라와~" 라는 구호에 맞춰, 뒤를 졸졸 쫓아다녀야 길을 건널 수 있었다. 무리 지어 빠르게 달려오는 오토바이들을 가로지르며 길을 건널 때면 언니는 다른 인격의 소유자가 되는 것 같았다. 카리스마 넘치는 눈빛으로 오토바이 라이더들을 제압하며 길을 만들어주었고 덕분에 그 길을 무사히 건넜다. 정말 익숙하지 않은 모습인데 암튼 길을 건널 때마다 특별한 그 분이 언니에게 오시는 것 같았다. 놀이공원만 가도 동네 떠나가라 무섭다며 소리를 질러대던 겁 많고 소녀 같던 언니가 정말 많이 변했다. 게다가 시장에 가면 베트남 상인들과 실랑이를 벌이며 값을 흥정하는 모습은 정말 적응이 안 되는 언니의 모습이었다. 언니가 흥정을? 베트남 아줌마들을 현지인스타일로 휘어 잡고 값을 깎는다. 호치민 생활 10년차가 넘은 한국 아줌마의 힘인가? 어느덧 막강 아줌마가 되어 있는, 내가 모르는 언니의 모습을 보는 것도 베트남 여행의 솔솔한 재미였다.

호치민 중심가에 위치한 오페라하우스에서 상영하는 AO(아오)쇼는 베트남의 역사와 문화를 이해하는데 도움이 되었다. AO(아오)쇼에서는 바다에서 먹거리를 찾고 생계를 꾸리던 베트남의 역사부터 시작하여 현재 베트남 젊은 세대들의 모습까지, 나라와 도시 변천사를 역동적인 퍼포먼스을 통해 쉽게 전달하였다. 10년도 넘게 베트남에서 살았지만 처음 아오쇼를 봤다는 언니도 꽤 재미있었다며 다른 사람들에게도 추천해야겠다고 했다. 유연한 바디를 활용한 퍼포먼스와 리듬감있게 풍악을 울리는 공연의 구성 및 표현 방법들이 꽤 좋았다. 게다가 공연을 기다리는 동안 입구에서 웰컴 드링크로 모든 방문자들에게 차를 제공해주었는데 무척이나 베트남스러운 모습이라 이색적인 느낌이었다. 게다가 조금만 돈을 내면 핑거푸드 뷔페를 이용할 수 있는 서비스도 제공되고 있었다. 식사를 못했거나 허기진 방문자들에게 환영 받을 만한 친절한 아이디어라는 생각이 들었다. 공연을 보고 나오니, 오페라 하우스가 도시의 밤을 더 멋지게 밝혀주고 있었다.

그렇게 며칠을 언니와 함께 호치민의 핫플레이스를 방문하고, 베트남 스타일의 전통공연을 보고 로컬 쌀국수와 다양한 음식들을 맛보고 카페투어와 베이커리 체험을 했다. 레스토랑 위치와 분위기 그리고 음식의 퀄리

NHA HAT THANH PHO

베트남 다낭의 코코넛커피와 현지인 스타일의 디저트들

티에 따라 가격은 천차만별이었지만, 분위기만 좋았던 강가 레스토랑 한 곳을 제외하고는, 모두 충분히 맛있었고 좋았다. 게다가 동남아다운 특유의 여유로움이 호치민의 매력을 더해주었다. 정말 허름했던 벤탄 마켓 구석, 사람이 가장 붐비던 가게에서 먹었던 반세오도 다시 가고 싶을 만큼 맛있었고, 처음 먹어본 사탕수수 주스도 즉석에서 갈아주어 신선했다. 어찌나 달달했던지 나의 부족한 당을 빠르게 충천해주었다.

베트남은 세계적인 커피 생산국 2위 국가답게 곳곳에 카페가 많았다. 로컬 카페들도 음료나 베이커리 제품들의 퀄리티가 상당히 좋았다. 게다가 카페 분위기는 요즘 핫하다는 익선동이나 청담동 못지않게 괜찮았다. 호치민의 스타벅스라고 불리우는 하이랜드 커피숍도 최근에 생긴 곳들은 규모도 어마어마하고 스타벅스 못지않게 브랜딩 패키징이 잘 되어 있어 돋보였다.

벤탄 마켓내 작은 베이커리샵. 프렌치스타일 바게뜨빵을 단돈 200원에 맛볼 수 있다

또한 베트남은 베이커리와 디저트 샵들이 유명하다. 오랫동안 프랑스 식민지를 지낸 역사적 배경 때문인지 어느 동남아 나라들보다 다양하고 맛있는 디저트를 경험해볼 수 있다. 벤탄 마켓 구석의 작은 로컬 빵집에서 파는 200원짜리 바게뜨는 우리나라에서 5천원 정도하는 고급(?)바게뜨보다 훨씬 맛있었다. 다낭 시내의 콩카페에서 먹었던 1달러 짜리 크로아상도 정말 내게는 최고의 맛이었다. 빵을 사랑하는 언니는 '1달러의 행복'이라고 말하며 그 감동을 표현하기도 했다.

호치민에서 맛보았던 모든 것이 내 입맛에는 꽤 괜찮았다. 사 먹는 음식에 대해서는 다소 인색한 편인데, 새로운 음식을 시도할 때마다 예상한 맛과 달라 오히려 호기심을 자극했다. 특히 아보카도 커피는 내가 먹어본 것들 중에 가성비 최고의 음료였다. 과일주스는 신선한 과일을 아끼지 않고 갈아서 만들어 주었다. 모든 것이 부족함 없이 풍부한, 호치민의 넉넉한 문화는 내 마음까지 여유 있게 해주었고, 음식을 먹을 때마다 행복감이 가득 채워졌다.

그렇게 호치민에서 며칠을 보낸 후 다낭으로 이동했다. 호치민과 하노이 다음으로 급부상하고 있는 도시 중의 하나라고 한다. 처음으로 가보는 도시라서 호기심이 컸는데, 생각보다 초창기 개발 중인 도시의 느낌이 강했다. 공항에서 20분 거리에 있는 첫 번째 목적지인 호이안에 도착해서 구글 네비게이션을 따라서 인근에 예약해둔 부띠끄 호텔에 체크인했다.

호텔에 짐을 풀고 유네스코가 지정한 올드타운, 호이안의 구석구석을 돌아보았다. 호이안 메인 거리로 이동하는 입구에 위치한 모닝글로리라는 베트남음식점에서 점심을 먹었다. 여기서는 꽤 알아주는 오래된 맛집이라고 들었는데, 맛도 괜찮고 분위기도 좋았다. 점심을 간단히 먹고, 재패니즈 브릿지 등 호이안의 옛 이야기가 있는 곳곳을 둘러보았다.

무엇보다 호이안의 하이라이트는 야경과 야시장이다. 야시장에는 맛있는 먹거리는 물론 이것저것 베트남의 전통 제품들을 판매한다. 꽤 활성화되어 있어 날이 좋은 밤시간이면 거리는 흥정하는 상인들과 관광객들로 가득 찬다. 호이안 강줄기를 따라 열리는 야시장과 거리 곳곳을 밝히고 있는 형형색색의 아름다운 등 그리고 강물 속에 비치는 호이안의 모습은 아름답기로 유명하다. 덕분에 강줄기를 중심으로 한 호이안 거리의 양쪽에는 멋진 뷰를 즐길 수 있는 레스토랑과 카페들이 많다. 오픈테라스 형태라서 오랫동안 시간을 갖고 낮과 밤의 멋진 거리 풍경을 즐기기에 좋다.

1 다낭 호이안의 부띠끄 호텔 2 호이안 야경

호이안 거리 곳곳에 있는 다양한 카페에서 즐기는 힐링 티타임

다음날, 우리는 호텔에서 조식을 배불리 먹고 목적지인 다낭으로 이동했다. 호이안에서 다낭까지는 한 시간이 채 걸리지 않았다. 시내 중심에 있는 호텔에 짐을 우선 풀고 한브릿지와 드래곤브릿지를 돌아봤다. 미케비치에 들러 바닷바람을 쐬고 저녁에는 언니가 미리 찾아놓은 푸라마 리조트의 해산물 뷔페를 먹으러 갔다. 최근에 지은 호텔은 아니라는데, 호텔 내 경치가 좋고 관리가 잘 되어 있었다. 때마침 샴페인 프로모션 중이라 해산물 뷔페와 함께 기분을 맘껏 낼 수 있는 곳이었다. 바닷가에 위치한 리조트들의 뷰가 정말 멋진 곳이다.

다낭에서 머무는 동안 바나힐을 방문했다. 바나힐은 프랑스 식민지 시절에 베트남의 더운 날씨를 피해 프랑스 사람들이 산꼭대기에 지은 휴양지이다. 가족단위 방문객을 위한 테마파크까지 있어 지금은 다양한 볼거리와 즐길 거리를 갖추고 있는 다낭의 대표적인 관광지이기도 하다. 해발 1487m 높이의 산꼭대기까지 올라가는 장거리 케이블카는 기네스에 등재될 정도로 유명하다. 높은 산꼭대기에 위치한 아름다운 프렌치 빌리지는 여성들이 좋아하는 포토존이며, 그 안의 테마파크는 어린이들을 위한 핫플레이스이기도 하다. 산꼭대기에서 내려오는 열차는 보는 것만으로도 짜릿한 기분을 느낄 수 있다.

호이안과 다낭 도심, 그리고 바나힐까지 돌아보고 우리는 다시 호치민으로 돌아왔다. 언니들이 모두 외국에서 살고 있고 다들 각자의 일상으로 바빠서 요즘은 가족 모두가 모이기도 어렵고 얼굴보기도 쉽지 않다. 오랜만에 큰언니 가족들과 보낸 10일은 오랫동안 추억할만한 멋진 기억이 될 것 같다. 매일 하루를 마감하며 우리와 함께 했던 사이공 스페셜과 함께.

바나힐 전경과 사람들의 소원 메시지 카드

알싸한 맛이 일품인 베트남맥주, 사이공 스페셜

오사카와 교토의 핫 플레이스에서 미식을 즐기다

어느덧 3월 말, 안식월의 마지막 목적지는 오사카와 교토다. 10여 명의 아름다운 청년들과 함께 오사카와 교토의 핫 플레이스와 맛집을 돌아보는 3박 4일 일정이었다. 아침 일찍 비행기를 타고 오사카로 출발했다. 오사카는 그전에 한두 번 갔었는데, 그다지 크게 특색 있다고 느껴본 적이 없었다. 오사카는 서울보다 조금 더 쌀쌀한듯한 느낌이었고 이제 막 벚꽃이 조금씩 피기 시작하고 있었다. 다행히 히메지성을 방문하는 마지막 날에는 벚꽃이 만개해서 조금 더 아름다운 히메지성 경치를 볼 수 있었다.

운치있는 올드스타일의 아라시야마행 열차

첫째 날은 아라시야마의 유명 맛집, '히로카와'에 다녀왔다. 봄비가 내리는 교토 아라시야마는 그야말로 분위기있는 시골같은 느낌이었다. 미슐랭 맛집으로 유명한 히로카와는 늘 대기하는 사람이 많은 곳이라 시간을 잘 맞춰야 한다. 상황에 따라 차이는 있지만, 점심이나 저녁시간 오픈 1시간 전 여유 있게 도착해야 한다. 우리 일행들은 그 유명한 장어덮밥을 먹기 위해서 서둘러 이동했고 무사히 자리를 잡았다. 일단 아사히 생맥주 한잔으로 바쁘게 뛰어온 발걸음을 위로하고, 그 다음은 히로카와의 푸짐한 장어덮밥을 하나씩 받았다. 함께 주문한 작은 접시의 아라이. 아라이는 잉어회라고 하는데, 아주 작은 접시에 얇게 여러 조각이 나와서 다소 적은 양이지만 여럿이 함께 조금씩 나누어 먹을 수 있었다.

1 유명 맛집 '히로카와'의 장어덮밥, 아사히 한잔과 함께 2 아라이(잉어회) 한 접시

정말 맛있었던, 그러나 너무 힘들게 먹었던 메뉴는 오사카의 '만제'라는 맛집의 돈까스였다. 바 형태로 생겨 동네에서 유명해진 작은 레스토랑인데, 예약방식이 독특하다. 아침 일찍 줄을 서서 예약을 해야 하고, 줄 선 순서대로 식사를 할 수 있는 시간을 알려주면, 그 시간에 맞추어 다시 식당에 가야 한다. 즉, 가까이 사는 사람들은 예약하러, 식사하러 두 번 가면 된다. 특히 일본 사람들에게는 따로 방문 시간을 안내하기 위해 친절하게 전화로도 알려준다고 한다. 그러나 한국인을 포함한 외국인에게는 제공되지 않는 서비스다. 우리는 많은 일행이 한꺼번에 움직이는 것보다 2인 대표 예약자팀을 꾸려서 오전 8시 반에 줄을 섰다. 그리고 식사 가능하다고 안내한 시간에 맞추어 모든 일행이 함께 '만제'에 갔다. 선호에 따라 안심, 등심을 주문하거나 Mix Version을 주문하면 된다. 금방 튀겨져 나온 안심과 등심을 앞 접시에 놓인 소금에 살짝 찍어서 먹는다. 겉은 바삭하지만 속의 고기는 거의 익혀 나오지 않은 돼지고기라서, 정말 색다른 경험이었다. 다만 조금 식은 후에는 질겨질 수 있어서, 따뜻할 때 먹어야 한다는 점은 주의하는 게 좋다.

만제의 안심돈까스

일본의 오래된 맛집을 찾아서 방문해보는 것은 나에게도 특별하고 새로운 경험이었지만, 그 과정이 힘들어서 다시 방문하게 될지는 잘 모르겠다. 그럼에도 불구하고 한 번의 즐거운 경험에 감사한다.

일본 여행의 마지막 장소는 히메지성이었다. 사연있는 공주님이 살던 곳이라서 유명하기도 하고 너무나 아름다운 벚꽃 풍경 때문에 더더욱 유명한 곳이기도 하다. 하지만 굳이 히메지성안 끝까지 올라갈 필요는 없다. 모두 올라가는 중이었고 무엇이 있을 것이다 생각하고 일행 모두 줄지어 꼭대기까지 올라갔지만, 모두 후회했다. 그냥 밖에서 충분히 눈으로 보고 마음으로 즐기면 되는 것이었다. 나는 그 방법을 추천하고 싶다.

히메지성으로 가는 길에 보이는 말차 아이스크림 가게도 추천한다. 60년 전통의 말차 아이스크림 가게라고 하는데 그 맛도 역사만큼이나 깊고 풍부했다. 그 밖에도 히메지성 인근에는 천천히 둘러볼만한 멋진 곳들이 많아 보였다. 히메지성역 관광정보를 제공하는 Information Center에 가면 한국어로 된 안내문을 받을 수 있어 주변 관광지를 찾는데 많은 도움이 된다. 2017년 나의 두 번째 안식월은 일본을 마지막으로 끝이 났다.

나에게 안식월은 소중한 사람들과 함께 하는 시간들 속에서 스스로를 온전히 마주할 수 있는 소중한 시간이었다.
그렇게 나는 떠나온 내 자리로 다시 돌아간다.

세 번째 안식월 휴가를 또다시 기다리며...

이지수의 TIP

안식월을 맞이하는 직장인에게 주는 Tip.

안식월 휴가를 떠나는 사람들에게는 한 달 휴가가 최대한 길게 느껴지기를... 또한 그 빈 자리를 채워주는 사람들에게는 그 한 달이 짧게 느껴지기를 바라곤 했다. 다음 안식월 휴가를 떠난 분들을 위해 두 번 다녀온 노하우를 몇 가지 공유한다.

– 몸은 가볍게... 마음은 홀가분하게.

– 서울의 바쁜 일상에서 철저히 자유로워져라.

– 떠나는 발걸음이 가벼울 수 있도록 가볍게 가방을 준비하라.

– 무언가를 해야 한다는 분주한 마음이 아닌, 나에게 충실한 시간을 가져라.

– 한 달의 쉼을 마음껏 즐기고 매일 나의 마음이 이끄는 곳으로 달려가라.

우리의 인생은 길고 한 달의 안식월 휴가는 아쉽고 짧다. 나에게 세 번째 안식월이 주어진다면 일상과는 전혀 다른 곳에서, 그리고 낯선 문화 속에서 마음의 여유를 가질 수 있는 도시로 떠나고 싶다. 왠지 '치앙마이'나 '스페인'처럼 아무것에도 쫓기지 않고 나에게 주어진 한 달 동안의 '쉼'을 온전하게 누릴 수 있는. 편안하게 마음이 머물 수 있고 나를 충분히 자유롭게 해줄 수 있는 곳이면 좋겠다. 안식월을 보내고 더 지혜롭고 더 단단한 내가 되어, 내가 있어야 하는 그 자리로 무사히 돌아올 수 있도록...

BOOK

한 달을 살금살금 쉬는 방법
– Book Stay, Forest Stay, Temple Stay

이현선의 한 달 휴가

나에게 안식월이란?

벌써 3번째 안식월 휴가이다. 첫 번째도 좋았고, 두 번째도 좋았고 세 번째도 좋았다. 회사에서 주어진 한 달 휴가인데 무슨 말이 필요하겠나. 첫 번째와 두 번째는 어떻게든 해외로 여행을 하고 싶어 좋아하는 일본 도시 위주로 여행을 했었는데 이번에는 그냥 되는대로 하고 싶은 걸 해봤다. 거창한 버킷리스트를 작성하지 않아도 내가 좋아하는 것들을 하면서 보낸 완벽한 날들이었다. 나에게 안식월은 하루하루가 반짝이는 순간들이었다.

이현선. 기획관리본부 이사

대학교를 졸업하면 전공(무역학)과 관련된 업무를 하고 싶었다. 미생의 원인터네셔널(종합상사)에서 일하는 장그래처럼 말이다. 무역회사 회계팀에서 첫 직장생활을 시작했다. 신용장 보다 영수증을 더 많이 보게 되었지만 그렇게 2년 넘게 일하고 자발적 퇴사를 한 후 2개월 정도 쉬었다. 그리고 외국계 여행사 회계팀에서 4년 정도 일하고 퇴사했는데 그 때도 5개월 정도의 휴가를 나에게 선물로 주었다. 나름 퇴사하면 2~5개월 정도 자발적인 휴식시간 갖는 것을 직장인의 원칙으로 살고 있었다. 2008년 엔자임헬스 입사 후, 회계 업무뿐만 아니라 인사, 기획, 총무 등 회사 경영과 관련된 전반적인 업무를 총괄하고 있다. 이를테면 손익계산서를 작성하기도 하고 workshop를 준비하기도 하고 신입사원 교육을 진행하기도 한다. 입사 후 3년이 지난 2011년 첫 안식월 휴가를 다녀왔다. 이게 한 번 맛보면 중독성이 있어서 지금까지 10년 넘게 일하고 벌써 3번째 안식월 휴가를 즐겼다. 혼자 있는 시간을 좋아하고, 조용한 소도시를 타박타박 걷는 여행을 좋아한다. 이번 안식월 휴가에도 혼자서 타박타박 많이도 걸었다.

Routine

아침 6시 20분.

매일 정해진 시간에 일어난다.

비슷한 시간에 버스를 타고 맨 뒤의 앞 자리에 앉는다. 지하철은 9-1 칸에서 타고, 2호선 2-4칸에서 환승을 하고 시청 10번 출구로 걸어 나와 시립미술관 길로 출근한다. 사무실에 도착해 커피 한 잔을 내려 마시고 업무를 시작한다. 특별히 급한 업무가 없으면 오후 7시 전 퇴근한다.

일상의 반복.

이런 내 일상의 루틴이 기분 좋게 깨지는 순간이 있다. 바로 안식월 휴가다. 3년마다 한 달 정도 쉴 수 있는 기회가 있다. 그리고 어쩌다 보니 나는 벌써 3번째 안식월 휴가를 맞이하게 되었다.

“여행은 살아보는 거야” 해외에서 한 달 가량 살아보는 것이 유행하던 시기였다. 집 떠나 살아보는 건 나 같은 소심한 귀차니즘에게는 어울리지 않는 계획이었다. 굳이 원하는 것이 있다면 조용한 곳에서 책이나 읽으면서 지내고 싶은 마음. 그게 전부였다. 마치 헤밍웨이가 쿠바 바닷가에서 보낸 시간들처럼 그렇게 햇살이 반짝이는 여름 바닷가에서 책이나 좀 읽어 볼까 싶은 마음. 그런 생각으로 속초 북스테이를 결정했다.

Book Stay
'속초'

동해안에는 많은 항구도시들이 있지만 그 중에서 내가 가장 좋아하는 곳은 속초다. 바다가 있고 산이 있고 호수가 있는 조용한 그곳.

'북스테이'라는 목적에 맞게 읽고 싶은 2~3권의 책을 챙겨서 도착한 8월의 속초에는 비가 추적추적 내리고 있었다. 비는 책 읽기에 좋은 조건이기도 하다. 이때까지만 해도 '비'에 대해 별 생각이 없었다. 내가 머물 게스트 하우스는 1층은 서점이고 2층이 게스트하우스로 되어 있었다.

나는 2층 게스트하우스 1인실 201호에서 5박 6일 지낼 예정이었다. 5박 6일… 북스테이 치고는 꽤 오랜 시간 머무는 여정. 나중에 알게 된 사실이지만 내가 가장 장기간 투숙한 게스트라고 한다. 주로 바닷가 혹은 호숫가를 산책하고 근처 동네 책방을 어슬렁거리면서 지낼 예정이었다. 하지만 이번 북스테이의 모든 일정을 결정한 것은 '비'였다. 어찌된 일인지 하루도 빠짐없이 비가 왔다. 호숫가를 산책하다가도 비가 쏟아져 되돌아와야 했다. 햇살이 쏟아지는 바닷가에서의 책 읽기는 애당초 시도조차 할 수 없는 일이 되었다. 그래도 시간이 많다는 이유로 나를 위로하는 하루하루였다.

비가 잠시 그친 속초 앞 바다

게스트하우스는 특성상 아침마다 모르는 사람들과 눈인사 정도는 하면서 지내게 된다. 나는 마치 이 게스트하우스의 주인장 같은 기분으로 지냈다. 나를 제외하고는 대부분 하루 정도 짧게 머물고 떠났기에 매일매일 새로운 사람들과 인사하면서 지내야 했다. 낯가림이 심한 나한테는 조금 버거운 일이었지만 며칠 지나니 이게 또 뭐라고 적응하면서 지내게 되었다. 친구끼리 여행 온 대학생들, 딸과 엄마, 일에 지친 회사원. 그리고 조용하고 말이 없는 여자들. 대체적으로 이런 사람들은 출판과 관련된 일을 하는 경우가 많았고, 심지어 작가인 사람도 있었다.

첫날은 설레는 마음으로 게스트하우스 이곳 저곳을 둘러보았다. 거실 겸 주방은 깨끗하고 곳곳에 읽을만한 책들이 놓여져 있었다. 3층 루프트탑에도 올라가 봤다. 그리고 눈에 들어온 문구.

"모든 사람은 휴식을 취하고 여가를 즐길 권리가 있다."

_세계인권선언 24조

마치 내가 여기 온 이유를 설명이라도 해주는 듯 하다.

속초 온지 3일 정도 지난 것 같다. 나는 여전히 1인실 게스트하우스 침대에 누워 책을 읽고 있었다. 여름 시즌이라 굳이 책이 아니더라도 여름휴가 목적으로 온 사람들이 있어서 밖이 시끌벅적했다. 아마도 게스트들 중 나 혼자만 방에 있었던 모양이다. 맥주 한잔 하자는 소리가 방문 틈으로 슬금슬금 들려왔다. 내 기억에 그 날이 게스트하우스 인원이 가장 많았던 날이었던 것 같다. 어색한 자리는 웬만하면 피하는데 이번에는 방에 가만히 있는 것이 더욱더 어색한 분위기라서 못 이기는 척 합류하게 되었다. 다들 언제까지 머무는지 묻는 것이 자연스러웠고 내 일정을 말하면 자연스럽게 어떻게 그렇게 오래 있을 수 있는지 묻고 그러면 또 자연스럽게 우리 회사의 안식월 휴가를 이야기 하게 된다. 다들 부러워하는 분위기에 괜히 우쭐해지는 기분이다. 게다가 이번이 3번째라고 이야기하면 게임에서 최고 레벨단계까지 도달한 유저를 보듯이 눈이 반짝반짝 빛난다.

다들 숙소 근처에 어디가 좋다, 거기는 가봤냐 등으로 이야기가 시작되었고 그러던 중 회사 동료끼리 온 일행(여자 2명)이 내일 화진포를 간다고 혹시 같이 갈 사람이 있냐고 해서 내가 가겠다고 했다. 어디서 그런 용기(?)가 생겼는지 지금 생각해도 모를 일이다. 낯선 사람, 만난 지 하루도 되지 않은 사람들을 따라서 여행을 간다고? 평소라면 절대 일어나지 않을 일이다. 아무래도 속초라서 가능했던 것 같다.

다음 날 아침, 일행과 함께 화진포로 향했고 어색하면 어쩌나 걱정했는데 좋은 사람들이라서 마음이 불편하지 않았다. 지금 생각하니 잘 웃지도 말을 많이 하지도 않는 나라는 사람과 함께 동행한 그들이 오히려 불편했을 수도. 가는 내내 바다도 실컷 보고 물론 이 때도 비는 오락가락했다. 도착해서 김일성 별장도 둘러보고 사실 별장보다는 별장에서 바라보는 풍경이 아주 좋았다. 그러니까 이런 곳에 별장을 만들었겠지만 말이다. 호숫가 산책도 하고 돌아오는 길에는 예정에 없던 '왕곡마을'에 들러 술렁술렁 마을 한 바퀴를 걸어보기도 했다.

1 비가 잠시 그친 화진포 호수 2, 3 왕곡마을 풍경들

요즘은 차를 타고 이동해도 네비게이션에서 안내하는 목적지만 보고 가는 경우가 많은데 나는 차를 타면 예전부터 도로안내판을 주의 깊게 보는 편이다. 7번 국도라든지, 속초까지 몇 km인지. 어디쯤 가고 있고 얼마쯤 가야 하는지 시각적으로 바로 알 수가 있기 때문이다. 간혹 유명 관광지를 안내하는 표시판도 있는데 이번엔 '왕곡마을'이라는 표시판이 눈에 들어왔다. 일행 중 한 명이 가보자고 깜짝 제안해서 갑자기 일정은 변경되었다. 어차피 오후에 특별한 일정도 없어서 흔쾌히 가보기로 했다.

'왕곡마을' 전체 가옥은 국가민속 문화재로 보존 관리되고 있다고 했다. 한옥이 그대로 보존되어 있고 실제로 사람들이 거주하고 있는 고즈넉한 작은 마을이었다. 여름이라 해바라기가 잔뜩 피어 있고, 작은 개울가에는 물이 흐르고 작은 길들이 마을 사이사이 이어져 있었다. 천천히 걸으면서 산책하기 좋은 길이었다. 서울에서 속초로 떠날 때에는 전혀 예상할 수 없었던 여행과 일정들. 그래서 더 기억에 남는다.

4일쯤 되니 게스트하우스에서 청소하는 아르바이트생과도 인사하는 사이가 되었다. 청소하는 시간에는 자리를 피해줘야 한다. 이때는 1층 서점에서 책을 읽었다. 오전에는 게스트하우스 투숙객들이 좀 많고 오후에는 일반 여행객들이 찾아오곤 했다. 그래도 책을 구경만 할 뿐 사는 사람은 많지 않다. 사진만 잔뜩 찍는 사람들도 있다. 어찌하다 보니 출판사와 서점의 어려움을 조금 알게 되어 이럴 때는 괜히 마음이 조금 무거워진다.

오후에는 '동아서점'을 가보기로 했다. 얼마 전 〈당신에게 말을 건다〉를 읽고 주인공이 있는 그 서점에 한번 가보고 싶어졌기 때문이다. 책 속 주인공을 내 눈으로 확인하고 싶은 그런 마음이랄까.

속초 '동아서점'은 삼 대째 이어오는 서점이다. 책의 주인공이자 서점 주인인 김영건 매니저는 어쩌다가 아버지로부터 서점을 물려 받아 지금까지 서점을 운영하고 있다. 서점을 방문하면 책 속의 그 가족들을 직접 볼 수 있을 것 같았다. 햇살이 가득한 서점에 책을 진열하고 있는 아버지와 새근새근 잠을 자고 있을 것 같은 아이. 따뜻한 공간에 따뜻한 사람들이 있을 것 같은 상상을 하면서 말이다.

동아서점은 내가 머물고 있는 게스트하우스에서 2km 정도 거리인데 어차피 시간은 많고 걷는 걸 좋아해 천천히 걸어가 보기로 했다. 평일 오후이고 비까지 내려서 그런지 사람이 많지는 않았다. 예상했던 것 보다 서점은 꽤 넓었고 책도 나름 개성 있게 진열되어 있었다. 새근새근 잠든 아이는 없었고 서점 주인과는 말 한마디 하지 못했지만 그들의 일상이 여유 있어 보였다. 왠지 그들만의 시간으로 살아가고 있는 것 같았다. 서점 여기저기 기웃기웃 거리다가 〈속초에서의 겨울〉이라는 책을 골랐다. 속초에 왔으니 뭔가 속초와 연관된 책을 읽어야만 할 것 같았다.

동아서점 굿즈들

게스트 하우스 '완벽한 날들'

다음 날에는 '바우지움'이라는 미술관에 가기로 했다. 게스트하우스 투숙객 중 한 명이 추천하기도 했고 원래 미술관을 좋아하기도 해서 망설임 없이 출발하기로 했다. 택시 타면 40~50분 소요되는 거리라고 했지만 나는 버스를 타고 느긋하게 창 밖 풍경을 구경하면서 가 보고 싶었다. 여기는 서울이 아니고 속초니까. 뭐든지 느긋하게 하고 싶어졌다.

버스 정류장에는 버스가 언제 온다는 안내표시가 따로 없어서 무작정 기다려야 했다. 20분 정도 지나니까 슬슬 초초해지기 시작했다. 30분이 지나고 40분이 지나니까 인내심은 한계를 드러냈다. '아무리 속초라도 그렇지 어떻게 이렇게 버스가 안 올 수 있지. 지방에서는 도저히 살 수 있는 환경이 아니라느니. 여기 사람들은 도대체 어떻게 살지…' 이런 생각까지 하게 된 나를 발견하고 깜짝 놀랐다. 느긋하게 버스 타기로 결정한 사람은 바로 나인데 말이다. 아무튼 나 자신과의 싸움(?)을 하던 중 역시나 또 '비'가 내리기 시작했다. '비'가 모든 결정을 끝냈다. 야외 미술관이라서 날씨가 좋을 때 가 보고 싶었는데 비가 오다니. 그냥 운명인가보다 하고 다시 게스트하우스로 돌아왔다.

일터만 있다면 나는 지방에서 충분히 살 수 있다고 생각했다. 서울의 문화 및 편의시설 등이 사는데 편리함을 주지만 그런 거 없어도 나름 잘 살 수 있다고, 산 좋고 물 좋은 곳이라면 어디라도 좋다고 생각했다. 그런데 이상과 현실은 다르다. '버스' 하나로 모든 것을 말할 수는 없지만, 나는 서울이라는 도시에 잘 적응하며 살고 있는 한 인간이었다. 시간이 많아도 버스는 1시간 이상 기다리지 못하는 마음이 바쁜 인간이었다.

속초에서 지냈던 게스트 하우스 '완벽한 날들'은 안식월 휴가를 보내기에 정말 완벽한 날들이었다. 혼자서 한 지역에 오래 머물러 본 경험도 처음이고, 모르는 사람들과 이야기를 나누고 함께 여행을 한 것도 처음이었다. 비록 햇살 가득한 바닷가에서 책을 읽지는 못했지만 비 내리는 1층 서점 카페에서 주인마냥 책을 읽을 수 있어서 좋았다.

> '우주가 무수히 많은 곳에서 무수히 많은 방식으로 아름다운 건 얼마나 경이로운 일인가'
>
> _메리 올리버 『완벽한 날들』

무수히 많은 곳들 중 여기, 속초에서 하루하루 책을 읽으며 보낸 시간은 얼마나 아름다운가?

완벽한 날들이었다.

Forest

8월에 속초에서 1차 안식월 휴가를 보내고 남은 안식월 휴가는 10월에 가을을 느끼며 보냈다. 안식월 휴가는 한 달 원칙으로 쉬지만 간혹 개인 사정에 의해 한 달을 나눠서 사용할 수 있다.

나는 서울 변두리에 살고 있다. 걸어서 10분이면 북한산 둘레길을 갈 수 있는. 창문으로 산이 보이고 동네 길을 걸어도 어디에서나 산이 보이는, 말하자면 자연친화적인 동네에 살고 있다. 언제든지 마음만 먹으면 갈 수 있다는 생각 때문일까. 오히려 둘레길을 자주 걷지는 못한다.

그래서 이번에는 숲으로.

숲길을 걷고 숲에서 지내보기로 했다. 울창하게 나무가 펼쳐진 숲이라기보다 그냥 나무 몇 그루에 그늘이 좀 있고 걷을 수 있을 정도의 숲길이 있으면 된다. 되는대로 걸어보기로 했다. 시작은 가까운 '창포원'부터 산책

유명산 자연휴양림

해 보기로 했다. 창포원은 일종의 수목원이다. 시간되면 가봐야지 하면서 매번 미뤄왔었는데 날씨가 제법 괜찮아서 가벼운 마음으로 향했다. 주말이라 야외 음악회가 진행 중이었다. 다들 돗자리 혹은 텐트를 치고 편안한 자세로 음악을 듣고 있었다. 주로 가족들 혹은 연인들이었지만 말이다. 천천히 걸으면서 드는 생각은 하나였다. '날씨 좋은 날 돗자리 들고 가족들이랑 다시 오자' 가족나들이에 제격인 장소. 아마도 앞으로 자주 오게 될 것 같다.

산림청에서 운영하는 자연휴양림이 있다. 삼대가 덕을 쌓아야 예약이 가능하다는 소문이 있을 정도로 예약이 쉽지 않다. 그래도 평일은 좀 괜찮지 않을까 싶었지만 평일에도 예약은 쉽지 않았다. '숲 속의 집'이라는 오두막집에서 지내보고 싶었으나 역시나 그런 행운은 없었고, 다행히 휴양관은 예약이 가능해서 그곳에서 지내기로 했다.

전국에 수 많은 휴양림이 있었지만 대중교통으로 이동하기 편한 곳은 몇군데 없어서 가까운 '유명산 자연 휴양림'에서 지내기로 했다. 청량리에서 버스 타고 한번에 갈 수 있고 버스 정류장이 휴양림 바로 앞이라서 편하게 이동할 수 있다. 어떤 지역은 이름만 들으면 과거로 돌아가는 경우가 있다. 나한테는 '청량리'가 그런 곳이다. 대학시절 기차 타고 어딜 가려면 '청량리'역에서 만나야 했다. 늘 거기서부터 청춘 여행은 시작이었다. 과거로 돌아간 기분으로 버스를 타고 도착한 휴양림은 평일이라서 한적했다.

산림청에서 운영하는 곳이라 시간 에누리는 없다. 3시부터 입실 시작이라 아무리 일찍 도착해도 소용이 없다. 기다리는 수 밖에.

"혼자 오셨어요?"

"차는 가져오셨나요?"

'음…뭐지? 왜 이런 걸 물어보지?'

의심스러운 마음이 점점 커지고 있을 때, 휴양관은 오르막 길이라 걸어서 가면 40분 정도 걸린다고 괜찮으면 차로 태워다 준다고 한다. 일단 의심부터 하고 경계했던 마음이 부끄러워졌고, 덕분에 편하게 숙소에 도착할 수 있었다. 도착하자마자 따뜻한 코코아 한잔을 마셨다. 왠지 이런 숲 속 오두막 집에서는 따뜻한 코코아를 먹어야 할 것 같았다. 몸을 좀 따뜻하게 한 뒤, 산책로를 따라 걷기로 했다. 10월이라 오후 6시만 되어서도 어둑어둑해지기 시작한다.

바스락 바스락 낙엽 밟는 소리
바람에 흩날리는 낙엽들
기분 좋은 나무 냄새
들릴 듯 말 듯한 시냇물 소리

그래, 가을이다.
파란 하늘, 바람 소리, 나무 냄새 등 완벽한 가을
천천히 걸으면서 온전히 가을을 느낄 수 있는 시간이었다.
마음 가는 대로 걷는다. 서두를 이유도 없다.
게다가 혼자 걸으면 더 많은 것을 보고 더 많은 것을 듣게 된다.
걷고 있는 이 순간을 집중하고 있기 때문이리라.
온전히 계절을 느끼고 싶다면 휴양림에 가보라
천천히 걷다 보면 하루하루가 반짝반짝 빛난다.

Temple Stay

누구의 방해도 받지 않고 조용히 쉴 수 있는 장소를 찾다 보니 '템플스테이'가 제격이다 싶어서 지내보기로 했다. 원래는 내소사에서 지내보려고 했으나 거리도 멀고 무엇보다 단체 생활을 해야 한다고 해서 후보지들 중에서 자체 탈락했다. 낯가림이 심해서 처음 보는 사람들과 함께 지낸다는 것은 부담스러웠다. 그러던 중 1인실이 가능하며 휴식형 프로그램을 운영하는 용문사 템플스테이를 찾아냈다. 템플스테이는 체험형과 휴식형이 있는데 체험형은 새벽 예불, 건강챙김 108배, 타종체험, 건강요가, 스님과 차담 등 프로그램이 다양한 반면 휴식형은 특별한 프로그램 없이 자유롭게 지내면 된다.

용문사는 경의중앙선을 타고 쉽게 갈 수 있다. 평일이라 사람들이 많지 않았고 하나 둘 자리를 비우면서 어느 새 내 앞 창문너머로 멋진 그림이 펼

용문사에 가는 기차 경의중앙선 풍경

쳐졌다. 그래 이런 맛이다. 아무도 없는 기차 칸에서 멋진 풍경을 볼 수 있는 평일 오후의 여행이란… 이런 맛이다.

용문역에서 시내 버스를 타고 20분 정도 가면 용문사에 도착한다. 시내 버스는 정해진 시간이 있어서 20분 정도 기다렸다 탔는데 다들 어르신들 뿐이고 나는 어쩌다 보니 최연소 승객이 되었다.

일주문에서 20분 정도 걷다 보면 템플스테이 빛채움당에 도착한다. 일주문은 사찰에 들어가는 산문(山門) 가운데 첫 번째 문을 뜻한다. 일심(一心)을 상징하는 뜻으로써 일심으로 부처님의 진리를 생각하며 이 문을 통과하라는 뜻이라고 한다. 예전에는 그냥 지나쳤을 문도 템플스테이 덕분에 차근차근 알아보게 된다.

도착해서 방을 배정받고 수련복을 갈아 입은 후 사찰 예절 및 도량안내를 받는다. 기상, 취침, 공양은 정해진 시간과 정해진 장소에서 하고 불필요한 대화는 하지 않고 만나는 사람에게는 합장 반배를 하는 등 몇 가지 규칙만 지키면 지내는데 크게 불편함이 없다.

이번 템플스테이에서 큰절하는 법을 배웠다. 발끝을 모으고 합장을 한 후 그 상태로 무릎을 꿇고 엎드린다. 양 손바닥으로 땅을 짚은 다음 왼발이 오른발 위로 오게 겹친다. 두 손을 뒤집어 자신의 귀 높이까지 들어 올렸다가 내려 놓는다. 합장하며 다시 일어난다. 보통 3배를 하는데 자세를 바로 잡으니 마음도 바로 잡게 되는 것 같았다.

새벽 범종 소리에 잠을 깰 줄은 상상도 못했다. 생각보다 소리가 크게 울려서 놀랐다. 종소리를 듣고 잠을 깨다니. 내가 절에 있다는 걸 실감하는 순간이었다. 아침 공양은 5시 45분에 시작이다. 이른 시간이지만 한 번도 빠짐없이 아침 공양을 했다. 두부조림, 김, 나물, 버섯, 호박 등 기본 반찬이 있고 밥과 국은 본인이 원하는 만큼 먹으면 된다. 단, 음식을 남겨서는 안되고 다 먹은 후 설거지는 직접 해야 한다. 조용하지만 엄숙한 분위기는 아니다.

가까운 등산로에서 일출을 볼 수 있다고 해서 어둑어둑한 산길을 걸어 멋진 일출을 보고 절 주변을 한 바퀴 돌아봤는데도 아직 아침 7시이다. 하루를 알차게 보내고 싶다면 템플스테이를 해보길 바란다.

1, 2 템플스테이 수련복과 잠시 머물 도량 3 템플스테이 새벽 풍경 4 산책길 일출 풍경

산책을 하고 책을 읽는다. 바람이 살짝 불고 햇살도 적당해서 책 읽기에 제격이었다. 게다가 평일이라 사람도 많지 않아 휴월당 앞 마당은 오로지 나만을 위한 서재가 되었다. 날씨 때문일까? 책이 술술 읽힌다. 책을 더 많이 갖고 오지 않은 것을 후회했다. 책을 좋아하니 아는 것이 많을 것이다. 그런 오해는 하지 말자. 책 읽는 시간, 차분하게 보낼 수 있는 그 시간을 좋아하는 것이다.

휴식형이라서 별도의 프로그램에 참여할 필요가 없다. 아무것도 하지 않아도 된다. 그래도 템플스테이에서 지내는데 '스님과의 차담'에는 참여해봐야 하지 않을까 싶은 생각에 다음 날 저녁에 '스님과의 차담'시간을 가졌다. 수행을 하는 스님과 마주앉아 대화를 나누는 것은 템플스테이가 주는 아주 특별한 경험 중 하나이다. 불교문화에 대한 궁금증뿐만 아니라 현재의 고민과 갈등에 대해 편하게 이야기를 나눌 수 있다. 이 날은 이직 후 휴가를 온 사람, 직장 동료끼리 온 사람들, 직장생활이 힘들어서 온 사람, 템플스테이가 좋아서 다시 온 사람 등 10명 내외의 사람들이 휴월당에 모였다. 간략하게 자기소개를 하고 스님과 '차담'시간을 가졌다.

수행이란 나를 이해하는 법, 나와 세계를 이해하는 것이고 정진이란 마음이 헐떡거리지 않고 가만히 있는 것이라고 했다. 그래서 바른 자세를 유지하는 것이 중요하다고 한다. 그래서일까? 템플스테이를 '나를 찾아 떠나는 여행'이라고 소개한다. 며칠 템플스테이를 한다고 나를 찾을 수 있을까 싶다. 나는 단순히 아무것도 하지 않을 목적으로 여기에 왔으니 수행이나 정진이라는 말들은 큰 울림이 없었다. 다만 불교문화를 조금이나마 알 수 있었던 시간들이었다.

절에서의 생활은 무척 단조로울 것이라 생각했으나 다도, 서예, 요가 등 다양한 것들을 배울 수 있다. 다가가지 않으면 알 수 없는 일들이었다. 자세히 봐야 보인다. '나를 찾아 떠나는 여행' 이런 거창한 수식어 보다 아무것도 하지 않아도 마냥 좋았던 템플스테이였다. 지쳐서 아무 것도 하고 싶지 않을 때, 혼자만의 시간을 갖고 싶을 때, 훌쩍 떠나보자. 그곳에서는 시간이 천천히 흐른다.

Day by day

어쩌다 보니 공부를 다시 시작해서 학업과 일을 병행해야 하는 시기였다. 그러다 보니 시간이 늘 부족했고 저녁과 주말이 없는 삶이 지속되었다. 그렇게 2년이 지나니 대학원도 졸업하게 되었다. 그동안 달라진 점이 있다면 '시간'에 대한 생각이다. 시간을 어떻게 보내는지는 온전히 나의 몫이었다는 사실이다.

한 달이라는 시간.
나에게 3번째 안식월은 그렇게 시간에 목말라 있을 때 선물처럼 주어진 시간이었다.

그래서 소중한 시간이었고 평소에 하고 싶었던 것들을 하나하나 해보기로 했다. 거창하게 '버킷리스트'를 작성하지는 않았고 생각나는 대로 하고 싶은 것들을 해보기로 한 것이다.

- 북스테이에서 책 읽기
- 자연휴양림에서 산책하기
- 템플스테이에서의 휴식
- 서울숲에서 자전거 타기
- 광합성을 즐기며 브런치 먹기

- 동네 카페에서 커피 한 잔
- 엄마, 아빠와 함께한 부산 가족여행
- 동네 책방에서 책 읽기
- 장바구니에 담긴 영화보기

가족여행을 제외하고는 거의 모든 시간을 혼자 보냈다. 내가 좋아하는 것이 무엇인지, 어떻게 시간 보내는 걸 좋아하는지 등을 알아가는 시간들이었다. 무언가를 찬찬히 해 볼 수 있었던 시간들이었고 반짝반짝 빛나는 하루하루였다.

"행복한 나날이란, 멋지고 놀라운 일들이 일어나는 날들이 아니라 진주알이 하나하나 한 줄로 꿰어지듯이, 소박하고 자잘한 기쁨들이 조용히 이어지는 날들인 것 같아요." _빨간 머리 앤

이현선의 TIP

안식월 후기 Tip

① 템플스테이

템플스테이는 대부분 휴식형과 체험형으로 나눠져 있고 사찰마다 특색 있는 프로그램이 있어서 원하는 프로그램을 선택하면 된다. 숙박이 부담스럽다면 당일형 체험을 해보는 것도 좋다.
www.templestay.com

② 국립자연휴양림

성수기를 제외한 모든 화요일은 휴무이다.
서울에서 가까운 휴양림의 경우는 당일에 다녀와도 충분히 계절을 느낄 수 있다.
www.huyang.go.kr

③ 북스테이

최근에 북스테이 할 수 있는 곳들이 많아졌다. 본인의 취향에 맞는 북스테이를 선택하면 된다. 독서모임을 하는 경우도 있고, 주인장 취향에 따라 다양한 책들을 만나볼 수 있다.

④ 속초

속초에 닭강정만 있는 건 아니다. 자전거를 타고 영랑호를 둘러 볼 수 있고, 등대 전망대에서 멋진 풍경을 볼 수 있다. 시간 여유가 있다면 화진포까지 가보자.
호수와 바다의 멋진 풍경을 동시에 볼 수 있다.

빵! 빵! 빵!
유럽으로 떠난 빵 투어

김지연의 한 달 휴가

나에게 안식월이란?

더 잘 쉬는 방법을 생각하고 실천하게 된 한 달이다.

김지연. 헬스케어 PR본부 팀장

엔자임헬스가 첫 번째 회사이다. 2011년에 PR본부 인턴으로 들어와 2012년에 사원이 되었으며 현재는 PR본부 팀장으로 제약사, 의료기기 회사의 기업 및 제품 홍보와 학회 캠페인 등을 담당하고 있다. 한 회사, 그것도 처음 들어온 회사에서 6년 넘게 일하는 것은 쉽지 않다. 예전부터 어떤 일을 하던지 '내 주변의 평범한 사람들이 더 건강한 삶을 사는 세상을 만들고 싶다'고 생각해왔다. 이러한 가치관과 회사가 나아가고자 하는 방향이 일치했기 때문에 오랜 시간 일해올 수 있었다고 믿는다.

세계로 향하는 맛따라 멋따라 탐빵대

회사에 입사한 지 만 6년이 지났다. 두 번째 안식월이 찾아왔다. 3년 전 느끼던 일의 무게감과 지금 느끼는 무게감이 다르기 때문일까. 그때나 지금이나 똑같은 3년 간격이건만 첫 번째 안식월보다 두 번째 안식월이 조금 더 늦게 온 기분이다.

첫 안식월에는 갑자기 주어진 한 달을 어떻게 써야 할 지 몰라 당황스러웠다. 이 시간을 어떻게든 꽉꽉 담아 쓰자는 부담감에 발이 아프도록 돌아다니고, 돌아와서는 또 아쉬워 천장을 보며 눈을 끔벅였다. 분명히 본 것은 많건만, 너무 많이 봐서 담기 힘든 이상한 상황이 벌어졌다.

이번 안식월은 조금 다르게 쓰자고 다짐했다. 여유 있게 시간을 보내는데 집중하고, 그중에서도 내가 보고 싶은 것만 보고, 느끼고 싶은 것만 느끼자고.

그래서 생각한 것은 '빵'이었다.

어릴 때부터 지금까지, 가장 좋아하는 먹거리인 빵

어릴 때부터 가장 좋아하는 먹거리를 손에 꼽으라면 먼저 떠오르는 것이 빵이었다. 그 값이 싸던 비싸던 새로운 빵을 발견하며 찾아 먹는 것이 나의 큰 즐거움이었다. 프랜차이즈 빵집이 흔치 않던 어린 시절, 엄마가 시장에서 사온 갓 구운 밤식빵은 내 마음을 사로잡기에 충분했다. 초등학교 때는 캐릭터 빵을 사서 스티커는 친구에게 주고, 빵은 내가 먹곤 했다. 부모님께 용돈을 받아 쓰기 시작한 중학생 즈음에는 학교 근처 작은 빵집에서 산 빵과 쿠키를 들고 하교하곤 했다.

빵에 대한 사랑은 혼자서만 먹는 데 그치지 않았다. 우리 동네에는 '모여라 탐빵대'라는 빵 동호회가 있다. 일주일에 한 번씩 각자 좋아하는 빵을 하나씩 사 와서 나눠먹거나, 각지의 맛있는 빵집을 함께 찾아 다닌다. 우리끼리는 이것을 '빵지순례(빵+성지순례)'라고 부른다. 탐빵대 회원들과 다음 빵지순례 장소에 대해 이야기를 하다가 빵이 주식인 해외에서 '빵지순례'를 한다면 어떨지 문득 궁금해졌다. 3년의 기다림 끝에 찾아온 두 번째 안식월, 밖으로 나가 새로운 빵 친구들을 만날 수 있는 기회가 왔다.

빵을 나눠먹으며 이야기하는 소모임 ©모여라탐빵대

프라하에서 만난 첫 빵, 뜨르들로

위대하진 않지만 작고 소중한 빵 탐방의 첫 발걸음을 내딛는 순간이다. 탐빵 로드에 체코 프라하를 넣은 이유는 단 하나였다. 일명 '굴뚝빵'이라고도 불리는 '뜨르들로'. 인터넷 어디선가 우연히 본 굴뚝빵 사진 한 장이 나를 한국에서 체코까지 인도했다. 황금빛으로 구워진 원기둥 모양의 빵 위에 살포시 올라앉은 생크림. 첫 눈에 내 마음을 사로잡았다. 다음 안식월에는 꼭 저 빵을 먹으러 가리라 다짐했다. 그렇게 나의 첫 목적지는 프라하의 유적지나 관광 명소가 아닌 뜨르들로 가게 방문이 먼저였다. 오랜 비행에 피곤한 몸이었지만 첫 빵을 먹으러 간다는 생각에 기운이 돌았다. 하벨 시장 입구에서 커다란 굴뚝빵 모형이 달린 뜨르들로 집을 발견했다. 빵 반죽이 나무 기둥에 둘둘 말려 숯 위에서 구워지고 있었다.

모락모락 피어나는 구수한 빵 냄새.

바로 구운 빵을 반으로 자르면 나무 기둥이 있던 자리에 큰 구멍이 생긴다. 그 자리에 아이스크림을 짜 넣고 꼭대기에 딸기 한 알과 초코 시럽으로 장식해 손님에게 건넨다. 눈이 즐거운 예쁜 모양과 고소한 냄새가 한껏 기대감을 높인다. 겉으로 보기엔 맛이 없을 수가 없다. 갓 구운 빵과 아이스크림, 딸기와 초코의 조합이라니.

두근대는 마음으로 아이스크림을 한 스푼 떠서 입안에 넣으니 엥? 우유 맛이 상큼한 맛도 아닌 애매한 맛이 난다. 이상한 기분이 들어 재빨리 빵을 한 입 베어 물었다. 실망스러울 정도로 퍽퍽했다. 바게트처럼 겉은 딱딱해도 속은 부드러울 줄 알았는데 빵 전체가 퍽퍽했다. 비록 버리기 싫어서 결국 다 먹긴 했지만, 이것은 내가 기대했던 뜨르들로가 아니었다.

외투가 필요한 쌀쌀한 날씨에 차가운 아이스크림까지 허겁지겁 먹은 탓에 속이 시려온다. 뜨르들로 먹으러 서울에서 여기까지 왔는데 기대에 미치지 못한다는 실망감이 들었다. 내가 먹은 게 유독 맛이 없었던 것일까. 그 의문을 이기지 못하고 다음 날 워킹 투어 가이드에게 직설적으로 물어봤다.

"뜨르들로는 원래 그렇게 맛없는 거예요?"
놀랍게도 가이드의 답은
"그렇습니다."

원래 뜨르들로를 팔던 집은 1~2군데 정도였는데, 장사가 잘 되고 관광객들에게 유명해지면서 우후죽순 늘어난 것이라 한다. 그러다 보니 대부분의 가게에서는 맛없는 뜨르들로를 팔게 되었다고. 몇 년 전 유행했던 대왕카스테라나 벌꿀 아이스크림처럼 한 군데가 잘 되니 너도 나도 마구잡이로 따라 하는 격이었다. 허무했지만 내가 선택한 가게가 잘못된 것이 아니라니 한편으로는 안심도 되었다. 나만 당한 건 아니었어.
하지만 분명 어디엔가 맛있는 뜨르들로가 있으리라.

1 뜨르들로가 고소한 냄새를 풍기며 구워지고 있다 2 김지연의 스케치① #프라하 뜨르들로 #사기캐릭터

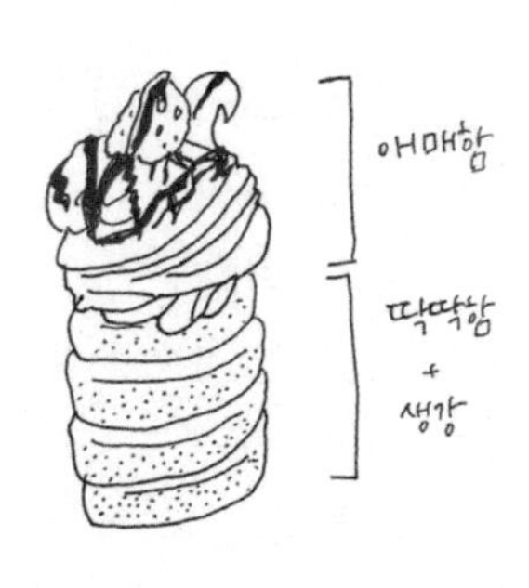

매일 아침을 빵으로

뜨르들로에 대실망한 나머지 빵 여정을 이어갈 기운을 초반부터 잃었다. 매일 아침 다양한 빵을 찾아 먹을 생각에 게스트하우스 조식도 신청하지 않았는데 말이다. 트램을 타고 숙소에 들어오다가 'PAUL'이라는 이름의 빵집을 발견했다. 터키햄, 토마토, 계란, 상추로 속이 가득 찬 샌드위치가 1개에 대략 4,500원. 서울 시내 웬만한 샌드위치가 7천원~8천원을 쉽게 넘기니 상대적으로 저렴하다고 생각했는데 기대 이상으로 맛까지 있었다.

이 후로 프라하에 머무는 동안, 매일 아침을 PAUL에서 시작했다. 서울에서 먹던 아침의 빵은 하루를 시작하기 위해 빠르게 연료를 채워 넣는 느낌이었다면 여기에서는 천천히 즐기는 한 끼의 식사였다. 여유가 생기니 아침 풍경도 달리 보였다. 샌드위치도 종류별로 먹어보고, 작고 달콤한 딸기가 쏙쏙 박힌 에끌레어도 맛보았다. 나중에 알고 보니 PAUL은 전 세계에 지점이 있는 체인점이라고 한다. 프랑스의 국민 빵집이라나. 뭐 그런 건 괜찮았다. 맛있으니까.

김지연의 스케치② #PAUL #가성비갑 #여행자의 조식

체코 (빵순이에게) 넘나 좋은나라!

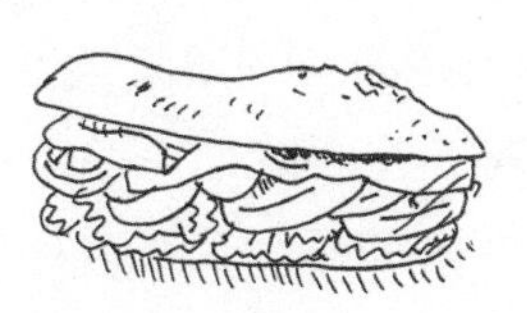

속 빵빵한 샌드위치가
단돈 4500원!

건포도인지 베리 종류인지
날 놀라게 한 데니쉬

쫀득달콤 까눌레♥

햄버거가 맛있는 뜻밖의 도시 프라하

사실 프라하에서 햄버거를 먹을 생각은 별로 없었다. 프라하가 햄버거로 유명한 도시도 아니고. 하지만 이제 프라하는 햄버거로 유명해야 하는 도시라고 살며시 주장해보고 싶다.

프라하에서 처음 햄버거를 먹은 곳은 까를교에서 멀지 않은 곳에 위치한 '스메타나 Q'라는 식당이었다. 제철 아스파라거스로 만든 특별 메뉴를 팔고 있었다. 짭짤하게 구워진 아스파라거스와 신선하고 도톰한 소고기 패티로 만들어진 햄버거가 테이블 위로 올라왔다. 잘 구워진 소고기 패티와 채소가 잘 어우러졌다. 흥미로운 것은 감자칩 대신에 올라온 당근칩이었다. 처음에는 생소했지만 다소 무거워질 수도 있는 햄버거 맛을 당근칩이 중화시켜줬다. 왠지 영양과 맛을 함께 고려한 건강한 햄버거 같았다.

햄버거를 먹고 나서도 탐빵대원답게 쇼케이스에서 디저트를 하나 더 골랐다. 도넛을 가로로 반 갈라 노란 크림을 얹고, 그 위에는 설탕을 녹여 올린 글레이즈드 도넛이었다. 너무 달지 않을까? 생각보다 몸이 늘 먼저 움직인다. 이미 손은 도넛을 집어 들었다. 걱정과 다르게 몸서리쳐지게 달지는 않았다. 적당히 달고 적당한 부드럽고. 기분 좋게 배를 탕탕거리며 가게를 나섰다.

두 번째 햄버거는 숨어있는 핫플레이스인 '클림스카'에서 만났다. 이 동네를 알게 된 것은 매우 우연한 사건 때문이었다. 한국, 중국, 일본 아시아 3개국 관광객들이 프라하에 오면 꼭 간다는 체스키 크롬로프. 혼자 가기에는 교통수단이 편치 않아 버스 대절 투어를 신청했다. 그러나 프라하에 도착한 당일, 원래 가려던 일정에 신청 인원이 모자라서 다른 날로 날짜를 바꾸어야 한다는 연락을 받았다. 일정을 바꿔야 해서 조금 짜증났지만, 그렇다고 딱히 크게 계획된 것도 없었기에 알겠다고 했다. 여행사에서는 일정 변경을 사과하며 야경 투어를 무료로 추가해 주기로 했다. 그러나 버스를 잘못 타는 바람에 집합 장소에 제 시간에 도착하지 못했다. '어차피 가지도 않을 코스였는데 뭐' 라고 생각했지만 왠지 씁쓸한 마음을 감출 수는 없었다. 대신할 특별한 일정도 없었지만 바로 숙소로 돌아가기도 싫어 숙소 근처에 보이는 아무 맥주집에 들어갔다.

감자칩 대신 당근칩

마침 그 안에서는 여덟 명 남짓한 손님들이 둘로 편을 갈라 퀴즈 대결을 하고 있었다. 멀찍이 앉아 맥주를 마시며 그들이 퀴즈 푸는 것을 지켜보는데, 가게 주인이 나도 게임에 참여하라고 손짓했다. 프라하를 돌아다닌 지 며칠 됐지만 정작 현지 사람들이나 해외 관광객들과는 많이 소통하지 못했기에 기꺼이 합류했다. 대부분 서양권 문화에 기반한 상식 문제라 어려움이 있었지만 나름 한 몫을 하기 위해 열심히 머리를 굴려 보았다. 우리 테이블이 우승을 했고, 같은 테이블 사람들과 축하주를 나눠 마셨다.

"프라하에서 현지인들이 많이 가는 데 알려줄 수 있어?"라고 체코 남자아이에게 물었다. 되돌아온 질문은 "관광객스러운거? 힙스터스러운거?" 선택은 당연히 가이드북에서 찾아볼 수 없는 곳이지. 그래서 알게 된 동네가 '클림스카'였다.

다음 날 저녁 체스키 크롬로프 투어에서 처음 만난 또래의 여자아이와 '클림스카'로 향했다. 도심과 멀지 않지만 지하철이 닿지 않아 관광객의 접근성은 떨어지는 동네. 버스에서 내리고 나니 길거리엔 사람들이 보이지 않고 군데군데 공사 중이거나 문을 닫은 건물들이 있을 뿐이다. 이런 곳이 핫 플레이스라고? 내 말만 믿고 같이 동행해준 이에게 미안한 마음이 들었다.

천천히 발걸음을 옮기니 큰 길가와는 다른 풍경의 작은 골목들이 펼쳐져 있었다. 우리나라로 치자면 최근 을지로에 생기는 독특한 카페나 바를 떠올리게 하는 모습이었다. 사람들이 쉬이 찾지 않을 것 같은 공간에 프라하의 젊은이들이 삼삼오오 모여 있었다. 아무 정보도 없이 갔기에 동네를 한 바퀴 둘러보다 눈에 띄는 가게에 들어갔다. 그 안에 동양인은 우리 두 사람뿐이라 정말 현지인의 생활 속에 녹아든 느낌이었다.

클림스카에서 가장 유명한 문화공간 '카페 브레세' 앞에 모인 사람들

배가 고팠던 터라 여기서도 햄버거를 주문했다. 한 입에는 절대 들어가지 못할 커다란 햄버거가 나왔다. 참깨가 쏟아질 듯한 햄버거 번 사이에 육즙이 흐르는 두꺼운 패티와 반숙 계란. 지난번 햄버거가 담백한 맛이었다면 이 집의 햄버거는 자극적이면서도 깊은 풍미가 느껴졌다. 맛있다, 맛있다를 연발하면서 지금까지 여행한 이야기, 한국에서의 삶, 꿈과 관심사에 대한 다양한 이야기를 했다. 하지만 헤어질 때까지 끝내 서로의 이름이나 연락처는 묻지 않았다. 여행자들의 만남과 헤어짐은 참으로 쿨하다.

그 맛을 기억하고 다음 날 아침 브런치를 먹기 위해 혼자 이 가게를 찾았을 때는 음식의 질이 조금 기대에 미치지 못했다. 처음 만난 친구와 처음

가 본 동네에서 먹은 첫 음식이었기 때문이었을까?
어제의 햄버거는 정말 맛있었는데.

먹다가 남긴 드레스덴의 프레즐

프라하에서 기차를 타고 독일의 드레스덴으로 이동했다. 독일 빵에 대한 기대치가 컸기 때문이다. 독일은 밀로 만든 빵과 맥주가 유명한 나라니까. 기차로 이동했기 때문에 국경을 넘었다는 느낌이 들지 않았다. 드레스덴 중앙역에 내려 물을 사러 들어간 편의점에서 형형색색의 하리보 젤리를 만났다. 그때서야 여기가 독일이라는 실감이 들었다. 드레스덴은 그리 큰 도시가 아니다. 이 도시에 들린 이유는 프라하에서 베를린까지 가는 기차의 중간 지점이며, 다른 지역보다 호텔이 저렴했기 때문이었다.

숙소 바로 앞은 큰 광장이었다. 때 마침 드레스덴 재즈 축제가 열리고 있었다. 전혀 예상치 못했던 축제 일정이었기에 마음이 들떴다. 여느 축제와 마찬가지로 광장 한복판에는 길거리 음식을 파는 노점들이 줄지어 있었다. 독일에서의 첫 식사는 역시 소시지와 빵이지~ 매콤한 냄새가 나는 독일 대표 음식, 커리부어스트를 주문했다. 가이드북에서 본 커리부어스트는 동그랗고 작은 빵이 있었는데, 축제 노점에서는 대신 식빵을 주었다. 마트에서 가장 싸게 파는 퍽퍽한 식빵이었다. 이게 아닌데. 어느 나라나 축제 음식은 비싸고 맛은 실망스럽기가 똑같은가 보다.

왠지 허전한 마음에 숙소 앞 빵집에서 참깨 프레즐을 사 들고 호텔로 들어갔다. 중앙 광장이 바로 내려다보이는 창가에서 여유로운 시간을 즐기며 커피와 함께 먹으려고 프레즐을 꺼냈다. 어? 생각보다 맛이 없다. 하나를 다 먹기가 버거웠다. 독일에 도착해서 몇 시간 안에 두 번이나 빵을 먹었는데 둘 다 맛이 없다니. 빵을 먹어야 한다는 생각에 사로잡혀 다른 즐거움을 지레 포기한 것은 아닐까? 독일 빵 여행은 기대를 접어야 하나? 복잡한 생각이 들었다.

1 한국에서 볼 수 없는 다양한 하리보 젤리가 많았다 2 맛있어 보였지만 맛은 없었던 프레즐

해질녘 길거리에서 춤을

해가 넘어갈 때쯤 강가에 나와 저녁 노을을 보며 멍하니 앉아있었다. 근처에서 연주되는 재즈 음악 소리에 발걸음을 옮겼다. 그 때 춤을 추는 한 무리의 사람들이 보였다. 스윙 댄서들이었다. 입사 후에는 춤을 출 기회가 거의 없었지만, 학교를 다닐 때는 열정적으로 스윙댄스를 추곤 했다. 스윙은 춤을 디자인하는 리더와 춤을 완성하는 팔로워 두 사람이 추는 춤이다. 정해진 여섯 박자 혹은 여덟 박자 스텝에 맞춰 자유롭게 추기 때문에 누구를 만나더라도, 말이 통하지 않더라도 서로 최소한의 규칙만 알고 있다면 즉흥적으로 춤을 출 수 있다.

해 지는 강을 배경으로 춤추는 사람들을 보니 나도 모르게 가슴이 두근거렸다. 용기 내어 한 사람에게 춤을 청했다. 스윙을 추지 않은 지는 몇 년이나 지났지만 몸은 기억하고 있었다. 처음 시작하는 것이 어렵지, 그 뒤는 어렵지 않았다. 내가 먼저 춤을 청하기도 하고 낯선 사람의 등장에 신기해하던 이들도 속속 춤을 청해왔다.

내가 춤을 추지 않고 잠시 쉬고 있으니 휠체어를 탄 할머니가 내 앞으로 와 신나게 몸을 흔들었다. 할머니의 흥겨움을 받아주고 싶은 마음에 답무(?)를 춰 드렸더니 주변에 있던 다른 할머니들도 하나 둘씩 모여들기 시작했다. 처음 보는 독일 할머니들과 막춤 한 판이 벌어졌다. 전혀 생각지도 못했던 장소에서 오랜만에 느끼는 생기였다.

해가 넘어가고 노래가 끝나자, '내일 노래가 나오는 곳에서 또 만나자'고 약속하며 친구들과 인사했다. 언어가 통하지 않는 사람들이지만 세계 어디를 가더라도 춤으로 통할 수 있다는 것, 신나지 않은가?

드레스덴 재즈 축제에서 음악에 맞춰 춤추는 스윙 댄서들을 만났다

빵 앞에서 보이는 진실된 미소

첫 번째 안식월 여행에서는 내 사진을 많이 남기지 못했다는 것이 아쉬웠다. 그래서 이번에는 남이 찍어준 내 사진을 남기고 싶은 마음에 미리 여행 스냅을 예약했다. 베를린으로 이동한 다음 날, 한인 민박을 운영하신다는 가이드와 역 앞에서 만났다.

이런 저런 이야기를 하며 관광과 촬영을 하던 중, 가이드님도 빵을 좋아하는 사람이라는 것을 알게 되었다. 슬슬 입이 심심하던 차에 바로 의기투합하여 가이드님이 추천하는 카페로 향했다. 혼자 다녔다면 그냥 지나쳤을 곳이다. 아치 모양의 문안에는 아담한 정원이 보이고, 그 옆에 카페가 자리 잡고 있었다. 번화가 안에 이런 아기자기한 공간이라니.

주문한 당근케이크가 나오고 의식을 치르는 마음으로 열심히 사진을 찍었다. 테이블 건너편에서 그 모습을 바라보던 가이드님은 "오늘 본 표정 중에 가장 기뻐 보이는 표정이네요." 라고 말하며 찍은 사진을 바로 보여주었다. 빵 앞에 있는 나는 그야말로 잇몸이 만개한 표정을 짓고 있었다. 왠지 웃기고 민망해 얼굴을 부여잡고 깔깔거렸다. 빵은 미소에 걸맞게 실망

파이브 엘리펀트와 치즈케이크

스럽지 않은 맛이었고 기분 좋은 여행을 이어나갈 수 있었다.

하루 일정이 끝나고 마지막 인사를 할 때 한국에 돌아간다면 캐리어에 넣어가고 싶은 치즈케이크가 있다며 가이드님께서 '파이브 엘리펀트'라는 카페를 알려주셨다. 쿠키로 만든 바닥에 꾸덕한 반죽을 두껍게 쌓고, 부드러운 크림으로 마무리한 치즈케이크는 더할 나위 없이 훌륭했다. 빵 좋아하는 가이드님이 빵 좋아하는 동지에게 보너스로 남긴 선물이었다.

달콤 쌉쌀 시나몬롤

요즘 유럽에서 베를린은 아트시티로 거듭나고 있는데 그 베를린에서 스타일리시한 사람들이 가장 많이 모이는 동네는 미테 지구일 것이다. 독특한 서점들과 소품가게, 옷가게 그리고 특색 있는 카페들이 작은 골목 사이사이에 퍼져있다.

베를린에서도 소문난 빵집은 빼놓을 수가 없어 찾아 나섰다. 이 지역에서 가장 손님이 많은 집은 자이트 퓌어 브로트(Zeit fur Brot)라는 곳이다. 우리나라 말로 '빵을 위한 시간'이다. 점심시간에 맞춰 가게를 찾았을 때는 이미 빈 자리가 거의 없을 정도였다.

이 집의 가장 유명한 메뉴는 '시나몬롤'이다. 얇은 반죽에 계피가루를 뿌린 후 돌돌 말아 만든다. 지난 첫 번째 안식월 휴가때 북유럽에 갔었는데 그 때 스웨덴 사람들이 시나몬롤을 많이 먹는단 얘기를 듣고 먹어봤다가 조금 실망한 경험이 있다. 하지만 이렇게 사람이 많은 빵집에는 나름의 이유가 있으리라 기대했다. 다양한 종류의 시나몬롤이 있었지만, 기본적인 맛이 가장 중요하다고 생각해 아무 토핑도 올라가지 않은 오리지날 시나몬롤을 주문했다.

헉! 네모나게 잘린 시나몬롤 한 가운데에 포크가 꽝 찍혀 나왔다. 조금 당황스러운 플레이팅이었지만 이게 이 집의 스타일인 것 같다. 포크를 슬쩍 빼내어 시나몬롤을 한 입 베어 물었다. 빵은 촉촉하지만 달콤하고 한편으로는 계피의 씁쓸한 맛이 감겨왔다. 지금까지 시나몬롤에 대한 실망감을 날려줄 수 있는 기분 좋은 경험이었다.

1, 2 베를린 미테 지구 모습
3 포크가 꽝! 베를린의 시나몬롤

빵 때문에 바르셀로나에 돌아온 사람들

여유롭게 아침을 먹기 위해 지갑과 전자책만 들고 길을 나섰다. 바르셀로나 보른 지구 골목 안에 있는 카페로 향했다. 크로와상 샌드위치와 따뜻한 라떼를 시키고 한 구석에 자리를 잡았다. 이 카페는 바르셀로나에서 가장 유명한 호프만 요리학교에서 운영하는 호프만 베이커리의 빵을 공급받아 샌드위치를 만드는 곳이기에 그 맛이 특별하다.

호프만 베이커리의
빵으로 만든 샌드위치

옆 테이블에서 낯익은 소리가 들려왔다. 한국인 관광객 세 명이 앉아있었다. 며칠간 한국어를 하지 못해서 답답했지만 여유롭게 시간을 보내고 싶었기 때문에 가능한 그 소리가 신경 쓰이지 않는 척 했다. 하지만 그리 오래 가지 않았다.

"혹시 한국분이세요?"

타지에서도 한국인끼리는 알아보는 법. 옆 테이블의 관광객들이 먼저 말을 걸었고 내 입에서는 한국말이 폭포수처럼 터져 나왔다. 그들이 "많이 외로우셨나봐요"라고 말할 정도로. 어느 동네가 좋았는지 무엇이 맛있었는지 서로 묻고 답하던 중, 그들이 이 카페를 어떻게 찾아왔는지 물었다. 이곳에서 호프만 베이커리의 크로와상으로 만든 샌드위치를 먹을 수 있단 얘기를 듣고 왔다고 말한 순간, 그들의 눈이 동지를 만났다는 듯 반짝였다.

일행 중 두 명은 신혼부부였고, 신혼여행으로 바르셀로나를 다녀갔지만 얼마 지나지 않아 또 다시 바르셀로나를 찾았다는 것이다. 바로 빵 때문에.

신혼여행 마지막 날, 호프만 베이커리의 크로와상을 먹으러 갔다가 달콤한 맛에 깜짝 놀라 그 가게에 팔다 남은 크로와상 여섯 개를 몽땅 사서 한국으로 가는 캐리어 안에 고이 넣어 갔었다고. 그리고 그 맛을 잊지 못해 바르셀로나에 다시 왔다는 것이다. 바르셀로나로 또 다시 이끈 그 맛은 무엇이었을까.

부부는 나에게 그냥 크로와상 말고 반드시 마스카포네 치즈가 든 것을 먹으라고 일러줬다. 방금 식사를 마친 터라 배가 불렀지만 이런 이야기를 듣고 그냥 지나칠 수는 없었다. 바로 호프만 베이커리에서 마스카포네 크

바르셀로나에 간다면 머스트해브 마스카포네 크로와상 by 호프만 베이커리

로와상을 하나 사 들었다. 눈이 번쩍 뜨였다. 부드러운 크로와상과 달콤한 마스카포네 치즈가 섞여 기분 좋은 맛을 만들어냈다. 인정할 수 밖에 없었다. 이런 맛이라면 바르셀로나에 다시 올 수 밖에 없다고. 나 또한 그 맛을 보러 다시 올 것이라고.

매일 빵을 먹으니 빵처럼 구워져 버렸어

5월 한국의 봄 날씨만을 생각한 나는 얼굴 외에는 선크림 바를 생각을 하지 못했다. 하지만 유럽의 봄 햇살을 우습게 본 대가는 처참했다.

구름 한 점 없는 날, 좋은 날씨에 들떠 브이넥 원피스를 입고 신나게 밖을 돌아다녔다. 공원에 멍하니 앉아 해를 쬐기도 하고, 신기해 보이는 건물마다 비집고 들어가 구경했다. 저녁에 숙소에 들어와 샤워를 하는데 목 아래 피부가 울긋불긋한 것이 따끔따끔했다. 그제서야 그 부위가 탔다는 것을 발견했다. 뒤늦게 깜짝 놀라 알로에 젤을 발라 진정시켰지만 이미 타버린 피부를 되돌리기엔 너무 늦었다. 무더운 날씨가 아니기에 목 주위나 팔다리에는 선크림을 바를 필요가 없다고 생각한 것이 패착이었다. 넥 라인이 깊은 옷들을 입으니 까만 부분과 하얀 부분이 정확히 경계가 생겼다. 우스꽝스러웠다. 결국 보이는 살들을 모두 태워버리자는 결론에 이르렀다.

다음 날 아침 가벼운 가방에 수영복과 비치타올을 구겨 넣고 지중해의 휴양도시인 시체스로 향했다. 해안을 따라 달리는 기차에 앉아 있기를 1시간, 역에서부터 짠 내음 가득한 바닷바람이 나를 맞이했다. 바다내음이 느껴지는 곳으로 발걸음을 옮기면 지도 없이도 바다를 향해 갈 수 있었다.

상점을 열기에는 아직 이른 시간. 개점하지 않은 초밥집 앞에서 20분을 기다리다 한 손에는 아보카도 연어롤을, 다른 손에는 슈퍼에서 산 수박주

스를 들고 해변으로 향했다. 바다에서 여유롭게 도시락을 먹는 나의 모습을 상상하며 뚜껑을 열었지만 곧이어 불어온 바람 때문에 초밥에 모래가 찰싹 달라붙었다. 조심 조심 모래를 털어내며 식사를 했다.

주위를 살펴보니 다들 화려한 수영복을 입고 있었다. 바다에 가서도 수영복을 입으면 힐끔거리는 우리나라와는 조금 다른 풍경이다. 심지어 꽤 많은 수의 여자들은 상의조차 입지 않고 선탠을 즐기고 있었다. 아무도 그 장면을 신경 쓰지 않았다. 이쯤 되니 긴 바지를 입고 있는 내가 가장 튀는 사람이다. 조심스레 용기를 내어 수영복으로 갈아입고 나왔다. 쭈뼛쭈뼛 걸음을 옮겼지만 역시 아무도 나를 쳐다보지 않는다. 혼자 괜히 부끄러운 시간도 잠시, 해변에 누워 두 시간 가량 책을 봤더니 팔다리가 갓 나온 빵처럼 노릇노릇 구워졌다. 목 아래 선명히 남은 브이자는 사라지지 않았지만 탄 몸과 제법 어울리게 되었다.

이름은 사탄, 맛은 천사

여행 내내 게스트하우스를 전전했지만 짧은 시간이나마 편히 보내고 싶어 마지막 3일은 호텔에서 보냈다. 주변 거리를 탐색하던 중 한 건물이 눈에 들어왔다. 겉으로 보기엔 오래된 빌딩 같았지만 안에는 독특한 분위기의 가게들이 입점해 있었다. 복도에는 크고 오래 된 장식장이 있었는데, 자세히 살펴보니 장식장을 개조한 초소형 서점이었다. 장 옆에는 서점 주인이 앉을 수 있게 작은 의자가 있고 모든 면에 책이 빽빽하게 전시되어 있다. 기발한 아이디어라는 생각이 들었다.

고소한 커피 냄새에 끌려 카페 문을 열었다. '와이파이 없음. 디카페인 커피 없음' 이라고 메뉴판에 땅땅 박아놓은 이 카페의 이름은 '사탄스 커피'. 무서운 이름과 달리 내부는 깔끔한 타일과 식물로 장식되어 있었다. 큰

테이블 하나에 사람들이 둘러앉아 이야기를 하고, 혼자 글을 쓰거나 영화를 보는 사람들도 있었다.

평소 카페에서 노트북을 사용하여 업무를 자주 보는 터라 한국에서는 와이파이가 되는 카페만 가곤 했다. 카페에서 노트북을 충전할 자리가 없으면 자리가 빌 때까지 눈치를 보다가, 자리가 생기면 두 손에 노트북과 가방을 들고 빠르게 이동하곤 했다. 그러다 보니 카페를 고르는 기준이 커피의 맛이나 향이 아니라 와이파이와 콘센트가 되어버린 것이 가끔 서글프기도 했다. 하지만 지금은 와이파이가 필요 없는 시간이다.

스읍~ 둘러보니 사람들이 가장 많이 시킨 메뉴는 '꼬르따도'였다. 꼬르따도는 에스프레소에 따뜻한 우유를 넣은 진하고 고소한 스페인식 라떼다. 여기에 사과파이를 곁들였다. 파이 위에 차곡차곡 졸인 사과가 놓여진 사과파이를 입에 넣는 순간 눈이 확 뜨였다. 달콤한 파이와 고소한 꼬르따도와의 궁합은 최고의 만남이었다. 누가 이 집에 사탄의 커피라는 이름을 붙였나요? 이렇게 천사 같은 맛을 갖고 있는데요.

1 장식장을 개조한 초소형 서점 2 꼬르따도와 사과파이

다시 서울로

세 나라, 네 도시에 걸친 탐빵여행을 마치고 다시 서울로 돌아왔다. 돌아오는 비행기에서 마음이 단단히 충전된 것을 느꼈다. 꽉 찬 마음 속 배터리를 안고 다시 일상으로 향했다.

'두 번째 안식월을 갈 수 있을까?' 첫 번째 안식월이 끝난 후 가장 먼저 든 생각이었다. 한 회사에서 6년 넘게 일한다는 것. 결코 흔한 일은 아니기 때문이다. 두 번째 안식월은 첫 번째 안식월보다 어렵게 찾아왔지만, 처음보다 더 큰 여유로움을 남겨주었다.

지금은 세 번째 안식월에는 무엇을 할지 기대감이 생겨났다. 안식월을 마치며 남기고 싶은 말은 여행 내내 갖고 다녔던 일기장의 마지막 장으로 대신한다.

> 하려는 것을 다 이루었나요? 설령 그러지 못했다 해도 상관없습니다. 다음에 다시 왔을 때 할 수 있는 숙제를 남겨두고 가세요. 유명한 기념품을 놓쳐서 아쉬운가요? 한국에도 좋은 것이 있을 거에요. 그저 몸 건강히, 사고 없이, 여유롭게 끝까지 나를 위한 여행을 합시다.

드레스덴 광장에서 행복하게 비눗방울 놀이를 하는 아이들

남편과 함께 한 하와이 캠핑, 엄마와 함께 한 제주도 여행

백목련의 한 달 휴가

나에게 안식월이란?

안식월은 단조로웠던 어느 회사원의 일상을 다채롭게 채워준 '선물' 같은 '시간'이었다. 정해진 패턴이 아닌 평소에 못해보거나 꿈꿔왔던 것들을 벽돌 깨기 하듯 하나씩 클리어하며 안식월을 보냈다. 낯선 곳, 하와이에서의 캠핑은 남편과 나의 관계를 더 돈독하게 만들었고, 엄마와 한라산을 오르며 백록담을 영원히 기억할 추억을 담았다. 또한 평소 바쁘다는 핑계로 미뤄두었던 소중한 사람들을 찾아가 감사의 마음을 전하기도 했다.

백목련. 크리에이티브본부 대리

스마트TV 어플리케이션 제작회사인 『핸드스튜디오』를 거쳐, 컨텐츠 제작회사 『코뉴』에서 일하며 디자인, 애니메이션, 모션그래픽 등 다방면의 디자인 업무를 진행했었다. 엔자임헬스 입사 후 헬스케어 분야에 특화된 다수의 영상 및 일러스트레이션, 디자인 작업들을 진행하며 헬스산업에 대한 관심을 키워가고 있다. 현재 엔자임헬스 5년차 디자이너로 일러스트레이션과 모션그래픽 업무를 주로 담당하고 있다.

안식월의 시작, 감사함으로

내겐, 정말 어렵지 않은 일인데 일상 속에서 계속 뒤로 미뤄놓은 것들이 있다. 그 중 하나가 만남이다. 직장인들에게 휴일은 휴식의 의미를 지닌다. 그렇기 때문에 감사를 전하고 싶은 사람들이 떠올라도 '그냥 뭐 다음에 여유 있을 때 만나지'라는 마음으로 미루고 미루다 결국 못 만나게 되고, 어느 순간 '무소식이 희소식이다'라는 말로 위안 삼으며 연락이 뜸해진다.

이 때문에 내가 지나온 어귀에는 나를 챙겨주었던 고마웠던 사람들이 많이 있었음에도 제때 마음을 전하지 못한 게으름 탓에 연락이 흐지부지되는 경우가 부지기수였다. 그래서 한 달의 휴가, 안식월을 핑계로라도 머릿속에 떠오르는 몇몇 인연들에게 감사를 전하고 싶었다.

남편과 내가 연인이 될 수 있도록 오작교가 되어주었던 까치 같은 친구들. 사회에 첫발을 내디디며 만난 은인 같은 사수. 좌충우돌 고등학생 시절, 파란만장한 추억을 함께한 부산 15년 지기. 한달 동안의 휴가라니, 이제 이래저래 시간만 조율하다가 약속이 깨질 위험 따위는 없다.
내가 찾아가면 된다.

우리의 오작교 까치들에게

서로 연락이 뜸할지라도 떠올릴 때마다 따뜻함으로 마음이 가득 채워지는 사람이 있다. 윤지언니와 세라는 내게 그런 사람이다. 남편과 나, 윤지언니와 세라 이렇게 우리 넷은 교회에서 만나 태권도를 배우며 친해졌다. 7년 전, 8월 27일, 언니와 세라가 나에게 동원(남편의 이름)이의 생일이라 깜짝파티를 해주러 가는데 같이 가지 않겠냐고 물었다. 그들은 남편과 내가 서로에게 관심이 있다는 것을 눈치챈 후 연결시켜주고 싶었던 것 같다.

그날 밤 우리 셋은 남편의 집 앞으로 몰래 찾아가 깜짝파티를 해주었고, 그날 남편과 나는 비로소 연인이 되었다. 나의 기억 속에 오작교로 남아있는 그녀들을 우리 신혼집에 초대했다. 평소와 같은 주말이었다면 누군가를 집으로 초대하는 일은 큰 결심을 필요로 하는 부담스런 일이었을 것이다. 하지만 내게 연달아 휴일이 30개라는 이 마법 같기만 한 안식월은 이러한 걱정을 다 날려주었다.

요리를 하는 중에 그들이 도착했다. 초대해주어 고맙다며 선물을 전하는 그들에게 우리도 준비해 놓은 선물을 건넸다. “언니랑 세라는 우리에게 특별한 사람들인데 감사를 이렇게 밖에 표현 못하네요.” 선물을 받은 그녀들은 당황했는지 사랑을 주러 왔는데 받고 가는 기분이 이런 거냐며 어리둥절해했다. 그녀들은 꽤 마음에 들었는지 선물로 받은 실내화를 신어 보기도 하고, 한 짝씩 바꿔 신으며 사진을 찍어댔다. 그 모습에 덩달아 흐뭇해졌다.

‘역시 선물은 주는 즐거움이지!’

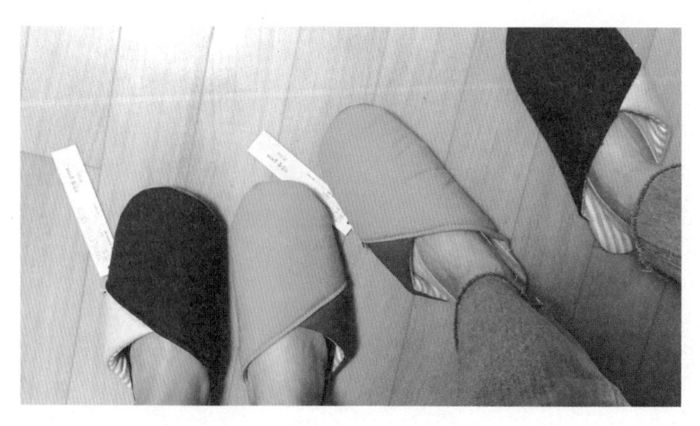

고마웠어 친구들

우리는 식탁에 모여 앉아 식사를 하고, 그동안 듣지 못했던 서로의 근황을 묻고 답하며 담소를 나누었다. 묵혀 두었던 온갖 이야기들이 난무했지만 말도 안 되는 농담에도 같이 웃을 수 있는 관계가 새삼, 특별하게 느껴졌다.

집으로 친구를 초대하고 손수 차린 음식을 대접하는 일은 단순히 한끼를 해결해주는 자리가 아니었다. 장을 볼 때부터 친구들을 떠올리면서 어떤 음식을 좋아할지, 무엇을 살지 고심하면서 내 공간과 요리에 조심스럽게 사랑을 담아 넣는 일이었다.

우리의 마음을 알아차리기라도 한 걸까, 언니와 세라는 우리 집 구석구석을 사진에 담아 넣고 있었다. 오랜 시간 혼자서만 쿰쿰히 묵혀온 것들이 소나기를 만나 씻겨 내려간 듯 청량감이 느껴진다. 식사를 마친 후 차를 마시고 다같이 모여 사진을 찍으며 다음 만남을 기약했다. 쉬이 꺼내지 못했던 마음을 전했다는 것에 감사했다. 받은 사랑에 보답하며 안식월의 시작을 맛보는 것도 꽤 괜찮은 일이다.

친구들과 함께한 즐거운 시간, 안식월의 시작

나의 첫 단추, 나의 첫 사수

엔자임헬스에 오기 전, 나는 컨텐츠 제작 스타트업 회사에서 일했었다. 회사 특성상 개인이 여러가지 업무를 도맡아서 할 수 밖에 없는 구조라 모두가 대표인 것처럼 공부하며 일했었다.

내 사수는 입사 3개월밖에 안된 나에게 메인 프로젝트를 건네주면서 "해볼래?"라고 권유할 정도로 모험심이 강한 사람이었다. 특히 새로운 기술을 습득하고 새로운 디자인 동향에 대해 공부하는 것을 중요하게 생각했다. 메인 키를 항상 내게 맡기며 밤 낮 없이 튜토리얼을 찾아 공부하게 만들었다. 야속하기도 했지만 내가 낸 티끌만한 아이디어 조각을 완벽하게 구현해 주는 사람이기도 했다. 또한 내가 친 사고들도 항상 묵묵히 수습해 주었던 지라 뭐라 불평을 할 수 없었다. 지속되는 야근으로 출퇴근의 경계가 모호해 예민하게 일할 수 밖에 없었던 그때, 선배는 내게 슈퍼맨 같은 존재였다. 그의 능력과 인성, 태도는 지금의 나를 만들어주는데 결정적인 역할을 했다고 생각한다.

> 일터도 엄연히 내 마음을 내줄 수 있는 장소로서 존재한다. 사람이 있는 곳은 어디에나 지옥도 있고, 짠한 감동도 있다. 사람들끼리 미워하고 시기하며 갈등을 겪기도 하지만 동시에 부딪히면서 자극받고 배우며 성장해나가기도 한다. _임경선『태도에 대하여』

내가 유일하게 마음을 내 주었던 사람. 3년여 만에 그 선배에게 전화를 했다. 목소리는 차분하지만 밝은 음색이었다. 선배가 좋아하는 와인을 사 들고 선배가 있는 곳까지 찾아갔다. 오랜만에 만난 그는 여전히 앳된 얼굴을 하고 반갑게 맞아주었다. 지난 시간을 회상하며 긴 대화를 나누던 중 나는 어려운 프로젝트를 맞닥뜨릴 때마다 '선배라면 어떻게 했을까'를 생각해본다고 말했다. 그는 가볍게 웃어 넘겼지만, 항상 말끝에 고맙다는 말을 덧붙였다. 여전히 겸손한 사람이구나. 선배는.

근처 식당에서 가볍게 저녁을 먹고 헤어지는 길, 기억해줘서 고맙다며 선배가 손을 내밀었다. 마음이 뭉클했다. '너무 늦은 만남이라고 생각했던 지금이 선배에게는 딱 적당했던 때가 아니었을까?'

집으로 돌아오는 길, 선배와 나눴던 이야기들이 떠올라 마음이 따뜻해진다. 고마운 사람을 만난 후 느껴지는 따스함은 나도 누군가에게 따뜻한 사람이었는지를 생각하게 만든다.

부산 친구들과의 만남 그리고 그녀의 어머니

나는 고등학생 때 1년 반 정도를 부산에서 보냈다. 고작 1년 반밖에 안 살았으면서 무슨 부산지기냐며 호들갑이라고 할지 모르겠다. 하지만 그 당시 일탈을 함께 했던 우리의 사이는 여전히 막역하다. 제각각 부산과 파주에 살고 있는 우리는 누구 한 명이 비행기를 타지 않는 이상 만날 기회가 좀처럼 없다.

"요 며칠 부산 좀 다녀올게." 라는 말을 남편에게 남겨 놓은 채 부산행 비행기에 올랐다.

선아와의 만남은 5년만이다. 선아의 결혼식에 참석하지 못했던 게 못내 미안했던 터라 꼭 만나 직접 축하를 전하고 싶었다. 부산에 도착해 카페에 앉아 그녀의 퇴근을 기다렸다. 퇴근을 마친 선아는 카페 문을 열자마자 나를 발견하고 달려왔다. 나도 반갑게 두 팔을 벌려 그녀를 맞이했다. 선아는 보고 싶었다며 눈물을 흘리기 시작했다.

어릴 때부터 나는 화가 나거나, 당황하거나, 감동하거나, 행복을 표현할 때 눈물로 감정을 표현하는 경우가 많았다. 나의 감정표현의 수단은 눈물이었던 것 같다. 성인이 되고 사회생활을 하면서 감정을 숨겨야 하는 일이 많아졌고, 점차 눈물을 흘리는 횟수는 적어졌다. 그래서 나에게 안겨 우는 선아의 모습이 당황스러웠다. 하지만 그녀의 눈물을 마주하니 나도 자연히 눈물이 났다. 그간 만나지 못해 품었던 서운함과 재회의 기쁨이 내포된 반가움의 눈물이었다.

공백의 시간을 눈물과 교환하듯 한바탕 울고 나니 후련했다. 분명 기쁨의 눈물이었는데 왜 후련했을까. 감정을 숨기지 않아도 되는 그 자유로움 때문이었을까. 오랜 친구와의 만남 속에서 순수했던 나를 되찾은 것만 같았다. 기쁨의 눈물, 아쉬움의 눈물, 감사의 눈물. 긍정을 표현하는 눈물. 눈물의 언어로 표현할 수 있는 다양한 감정들이 있다. 순수한 감정의 표현은 상대방의 마음을 울릴 수 있다는 것을 새삼 깨달은 시간이었다.

선아와의 만남을 뒤로 하고 또 다른 부산친구 서영이네 집으로 갔다. 서영이는 종종 서울에서도 만났었다. 이번엔 서영이네 집에서 하룻밤을 묵기로 했다. 15년 전, 서영이네 집은 우리 아파트와는 다르게 멋진 마당이 있었다. 버스를 타고 한없이 들어 가야 하는 시골에 있었지만 유럽의 어느 주택처럼 펜스너머로 정원이 보이는 그림 같은 곳이었다. 지금은 빌라에 산다며 기대하지 말라던 서영이.

현관문을 열자마자 레이스 커튼 사이로 보이는 유려한 곡선의 유럽풍 그릇장과 차곡히 쌓여있는 다양한 접시들은 어머님의 취향을 고스란히 대변해주고 있었다. 어머님께 인사를 드리고 둘러본 집안의 분위기는 오늘 다녀온 그 어떤 곳보다도 멋있었다. 어머님은 여전히 웃으며 나를 반갑게 맞아주셨다. 여전히 아름다우신 서영이 어머님.

친구 어머님의 취향이 담긴 집

마당은 없었지만 베란다에서 건사중인 식물들은 어머님이 30년 넘게 키워온 자식 같은 아이들이라고 하셨다. 봄이라 그런지 집안 곳곳에 생화가 꽃병에 꽂혀 있었는데, 꽃 한 송이만으로도 깊은 대화가 될 정도로 어머님의 식물사랑은 대단하셨다. 매력적인 공간에서 하룻밤을 보내고 집으로 돌아갈 때 어머님은 꽃병에서 봉우리가 뾰족이 올라온 나뭇가지 하나를 뽑아 주섬주섬 챙겨주셨다.

"태산목이라는 나무의 꽃봉오리인데, 꽃이 피면 정말 예쁠거야"

뜻밖에 선물이었다. 다행히 비닐로 잘 감싸주셔서 안전하게 파주까지 가져올 수 있었고, 집에 도착해 어울릴만한 컵에 꽂아 놓고는 나름 특별한 선물을 받은 것 같아 정말 감사하다고 메시지를 보내자 답장이 왔다.

"꽃이 피고 향기가 나기 시작하면 이틀간은 정말 행복할거다. 그 시간처럼 너의 삶도 행복한 시간들로 채워가렴"

이런 따스함을 언어의 온도라 하는 것인가. 친구 어머님의 뜻하지 않은 선물 덕분에 부산에서의 봄은 더욱 특별하게 기억된다.

뜻밖의 선물, 태산목

한번도 안 간 사람은 있어도
한번만 간 사람은 없다는 하와이를 여행지로 정한 까닭

일종의 로망이겠지만 해변 구석진 곳에 텐트를 치고 사랑하는 사람과 함께 떠오르는 태양을 맞이하는 영화 같은 기억을 만들어보고 싶었다. 굳이 텐트여야 하냐고 묻는다면 이렇게 대답하겠다. 텐트는 자연을 점령한 해변의 리조트나 호텔과는 확연히 다르다. 자연을 받아들이며 동화되는 것이다. 캠핑은 자연 앞에 겸손해지는 시간을 갖게 만든다. 안식월인 만큼 그동안 해보고 싶었던 것들을 할 거라고 남편을 설득했고 마침내 남편의 여름휴가 일정을 빼 같이 여행을 다녀오기로 했다. 나의 캠핑과 남편의 휴양이라는 큰 테두리 안에서 여행지를 찾아보았다.

<여행지 선정 조건>
- 비행시간은 10시간 이내여야 할 것.
- 습한 기후의 나라는 제외할 것.
- 해변에 캠핑지가 있어야 할 것.
- 나의 낭만인 캠핑과 남편의 휴식인 휴양을 충분히 즐길 수 있는 곳이어야 할 것.

위의 조건에 모두 부합하는 여행지는 하와이였는데 하와이에 대해 알면 알수록 만족스러웠다. 관광 및 휴양은 물론, 안전한 치안과 대자연에서 즐기는 캠핑 또한 시설이 굉장히 좋은 것 같았다. 여행지를 결정하고 나서 주로 보고 들었던 여행후기들은 대부분 신혼여행 후기였던 지라 하와이 캠핑에 대한 정보는 직접 하나하나 찾아보아야만 했다. 하와이는 캠핑 시설이 잘 되어 있는 편이라 큰 어려움 없이 주립 캠핑장과 민간 캠핑장을 각각 하루씩 예약하였다. 심지어 비용도 하루에 13불 정도로 우리나라 캠핑장보다 상대적으로 저렴해 숙박비를 크게 절약할 수 있었다. 내 인생의 가장 낭만적인 캠핑의 역사가 하와이에서 쓰여질 것만 같았다.

하와이로 캠핑간다

우리의 첫 번째 난관

기내에서 서로 신나게 장난치며 놀다가 우연히 렌터카 서류를 보았다. 운전자의 신용카드가 있어야만 렌트가 가능하다는 문구를 본 순간, 뭔가 잘못되었다 싶은 생각이 들었다. 모든 예약을 내 카드로 했기에 내 명의의 카드 하나밖에 안 챙긴 것이다. 심지어 비행기는 한창 하와이로 향하는 중이라 스마트폰으로 검색도 할 수 없는 상황이었다. 불길했다. 캠핑지는 공항과는 거리가 있는 곳들이라 우리의 계획이 수포로 돌아갈 것만 같았다. 걱정이 앞서 결국 기내에서 잠을 한숨도 잘 수 없었고, 렌터카 예약 서류를 몇 번이나 다시 봤는지 모르겠다. 결국 조마조마하는 마음을 안고 하와이 호놀룰루 공항에 도착했다.

공항에 도착해 와이파이를 켜 검색한 바, 다들 렌트가 힘들거라는 글들만 보였다. 렌트가 불가능할 경우 우리는 모든 일정을 변경해야만 했다. 도착하면 바로 숙소를 예약해야 하나. 우리의 짐들은 다 어쩌지. 일단 렌터카 업체로 가서 사정이라도 하자 싶어 업체로 들어가 줄을 섰다. 잔뜩 긴장한 채 우리 차례가 되었다. 직원에게 조심스럽게 물었다.

"보증은 운전자의 카드 대신 제 카드를 사용해도 될까요? 전 아내이고, 남편은 비자카드가 없어요."

잠시 고민하던 직원은 내 카드를 가져가 무언가를 확인하더니 말했다.

"아내 카드로도 가능하네요!"

그렇게 우리는 의외로 쉽게 렌트에 성공할 수 있었다.

만약 렌트를 못했다면? 생각해도 아찔하다.

이런 게 여행의 묘미인가?

기내에서 한숨도 못 잔 우리는 그대로 숙소로 들어가 잠을 자느라 반나

절을 날렸다. 그 후 나는 결심했다. 이번 여행 중에는 절대 걱정하는 일에 체력을 쏟지 않을 거라고.

1 렌트카 서류를 꺼내기 전, 장난끼 가득했던 시간(배추머리를 한 윌슨) 2 렌트를 성공했다는 세레모니
3 숙소에서 자느라 날려버린 하루의 반

결국 바다도 사랑하게 되었다. 하와이 코올리나라군

트래킹과 등산을 즐겨 했던 우리 부부에게 바다는 낯설었다. 스노쿨링 장비도 주변 사람들 말을 듣고 챙겨오기만 했지 난 33년 동안 한 번도 스노쿨링을 해본 적이 없다. 남편도 마찬가지였다.

생애 첫 스노쿨링 장소는 코올리나라군이었다. 물고기를 많이 보지 못할지라도 파도가 없는 안전한 곳에서 하고 싶어 찾아낸 곳이다. 라군은 작은 둑으로 파도를 막아놓은 석호로 아이들과 놀기에 좋은 곳이다.

바닷가 입구에 들어선 순간 반짝이는 에메랄드 빛의 바다는 탄성을 자아내게 만들었다. 머릿속으로 그렸던 하와이가 눈앞에 펼쳐졌다. 반짝이는 햇살과 일렁이는 바람만으로도 감동을 주는 자연의 힘에 감탄하며 우리는 해변에 짐을 풀었다.

조심스럽게 바다로 들어가 33년 내 인생 처음으로 스노쿨링을 하게 되었다. 바닷속 세상은 의외로 평화로웠다. 간간히 보이는 물고기들과 하늘하늘 흔들리는 산호들까지. 어느 하나 분주한 것이 없었다. 물결에 몸을 맡기며 찬찬히 바다를 느꼈다.

다들 왜 하와이의 기후가 좋다고 하는지 그때 비로소 느꼈다. 바다 특유의 짠내도 나지 않을 뿐더러 선선한 바람은 우리의 몸이 끈적해질 틈을 주지 않았다. 물 속 세상을 신나게 구경하다 지치면 해변으로 나와 부드러운 모래의 촉감을 휘감은 채 잠시 쉬었다. 영화에서나 보던 그런 시간을 보냈다.

바다의 맛을 이제야 알다니.
해변에 누워서 낮잠 자는 재미를.
자고 일어나 물속에서 헤엄치는 재미를.
석양을 바라보며 자연에 취하는 맛을.

그렇게 해가 저물 때까지 우리는 코올리나라군에서만 있었다.
바다도 이토록 오래 머물 수 있는 곳이구나.

내일 있을 해변 캠핑이 더욱 기대되는 시간이었다.

우리의 두 번째 난관은 전우애를 느끼게 해주었다

차를 타고 말라에카하나(Malaekahana Beach Campground)로 향했다. 캠핑장에서의 식사를 위해 이소가스를 구매하려 했지만 월마트에도, 슈퍼마켓에도, 철물점에도 그 어디에도 이소가스는 없었다. 결국 어렵게 부탄가스를 구한 우리는 라면과 몇 가지 간식을 챙겨 캠핑장에 도착했다. 안내소에서 체크인을 한 후 우리가 예약해 놓은 사이트로 향했다. 사이트에 도착한 우리는 당황할 수 밖에 없었다.

해변 근처로 배정받은 우리 사이트는 정신없이 몰아치는 바람 탓에 몸을 가누기도 힘들뿐더러 날카로운 바람은 우리의 말소리조차 분해시켜 대화를 할 수 없게 만들었다. 밀려드는 파도소리는 흡사 거친 쇳소리와 같았다. 눈 뜨기 조차 힘들 정도로 흩날리는 모래 바람 탓에 선글라스를 껴야 했다. 정신을 차리고 주변을 둘러보니 그간 거센 바람과 맞서 싸웠다는 듯 나무들이 하나같이 한쪽으로 기울여져 있었다. 평화로웠던 코올리나라군과는 완벽히 다른 곳이었다.

남편의 눈빛이 흔들리고 있었다.

"텐트를 쳐야겠지?"

거센 바람이 텐트를 흔들어 대는 탓에 텐트를 펼칠 수가 없었다.

"제대로 좀 잡아봐!"

당황스러운 상황 속에서 나의 어투는 점점 신경질적으로 변했고, 남편도 장비들을 거칠게 다루며 불만 섞인 마음을 드러냈다.

'텐트를 치면 어떻게든 되겠지.'

서로 한마디도 섞지 않고 힘겹게 텐트를 쳤다.

텐트는 얼마 못 가 쓰러질 것처럼 위태로웠다.

아뿔싸. 우리는 칼바람을 정통으로 맞는 위치에 텐트를 치고 만 것이다.

"텐트를 돌려서 다시 박아야 할 것 같아. 바람에 날려 텐트가 망가질 게 뻔해"

남편은 귀찮았는지 짜증 섞인 투로 말했다.

"됐어! 그냥 이대로 쓰자"

"왜이래 진짜! 나 혼자라도 할꺼야!"

우리의 언성은 높아졌다.

그냥 버틸까도 했지만 당장의 귀찮음 때문에 모른 척 할 수는 없는 일이었다. 낑낑거리며 텐트를 옮기는 나를 외면할 수 없었는지 남편이 텐트를 잡고 옮겨 주었다. 힘겹게 텐트를 돌려 고정하고 부탄가스를 꺼냈지만 바람이 너무 거세 요리를 해먹을 수 없는 상황이었다.

"자기야, 우리 그냥 생라면 먹어야 할 것 같아."

배신감. 이건 배신감이었다. 분명 어제는 평화롭고 아름다운 해변이었다. 북쪽으로 조금 올라왔다고 환경이 180도 바뀐 것이 야속하기만 했다. 결국, 우리는 생라면을 뿌셔 먹었다. 하와이까지 와서 생라면이라니… 참혹했다. 내가 꿈꿨던 낭만적인 그림이 아니었다. 바다 속으로 저물어가는 해도 어제의 아름다웠던 선셋과는 달랐고, 곧 어둠이 찾아오면 우리는 그저 텐트 속에서 시간을 보내야 할 것만 같았다. 나의 그림 같은 꿈은 결국 신기루가 되어 사라질게 뻔했다. 야속하게도 해는 금새 저물었고 예상대로 칠흑 같은 어두움이 찾아왔다. 우리는 텐트 안으로 들어갔다. 거센 바람소리가 텐트를 강타한다. 심지어 비까지 내린다. 밖에서 부스럭거리는 소리조차 무섭고 두려웠다.

하와이까지 가서 굳이 캠핑을 해야 되냐고 말했었던 몇몇 사람들이 떠오르며 후회가 밀려왔다.

"여보 우리 지금이라도 숙소를 잡을까?
내일 가는 캠핑지마저 이렇게 바람이 많이 분다면 너무 힘들 것 같아."
남편은 내일 목적지에 가서 결정하자고 했다.
비바람 소리 때문에 한숨도 못 잔 채 결국 아침을 맞이하였다.

새벽 5시 30분, 밝아진 주변을 확인하고서 텐트 문을 열고 나갔다. 어제와는 다른 잠잠한 분위기였다. 해가 뜨고 주변이 밝아졌다는 안도감에 마음이 놓였다. 다른 캠퍼들은 자고 있는지 기척이 없었다. 바다에 나와 있는 사람은 남편과 나 뿐이었다. 5시 50분, 해가 떠오를 자리를 만들어주려는지 구름이 양쪽으로 빠르게 움직였다. 거대한 자연의 움직임을 바라보며 밤사이 서운했던 마음이 눈 녹듯 녹았다. 떠오르는 완연한 태양 앞에서 우리는 겸손히 그 아름다움을 바라볼 수밖에 없었다. 비바람의 힘겨

운 사투를 견디고 맞이한 커다란 태양은 '이제야 비로소 너희와 내가 하나가 되었다'라고 외치는 것만 같았다. 그 순간 우릴 위한 팡파르가 울리듯, 닭이 울기 시작했다.

'자연과 내가 하나되는 신비로움.'

캠핑 다음날 아침, 일출

나의 예상을 철저히 빗겨간 하와이에서의 첫 캠핑, 비로소 우리는 자연과 하나가 되었다. 그 날 밤 남편이 인스타그램에 적어 놓은 글을 뒤늦게 발견하고 미안했다.

별을 이불 삼아, 산을 베개 삼아.
쿠알로아리저널파크(Kualoa Regional Park) 캠핑장

맛있다고 이름난 곳들을 찾아가 식사를 마친 후 다음 캠핑지로 이동하던 중 우리는 한적한 바다에서 낮잠도 자고, 수영도 즐기며 어제의 설움을 씻었다. 오늘의 캠핑지 쿠알로아리저널파크에 다다른 순간, 거대한 산줄기가 등장했다. 마치 영화 속 CG라고 해도 믿을 만큼 웅장한 경관이었다. 평화로운 경관에 마음이 놓인 우리는 바람을 막아 줄 좋은 자리를 찾았다. 전 날 다진 전우애를 발휘하며 커다란 나무 아래에 한결 수월하게 텐트를 쳤다. 우리는 근처 편의점에서 산 먹거리들을 꺼내 든든히 배를 채우고, 해변을 걸었다. 산과 바다, 바람과 햇살이 주는 위로에 마음이 평온해졌다.

여유롭게 해변에 앉아 맞은편 모자섬을 바라보다 물 속으로 걸어서 바다를 건너는 사람들을 발견했다. 모자섬은 옛 중국인들이 주로 쓰는 모자를 닮았다고 해서 모자섬이라 불린다. 쿠알로아 바다 속을 내딛으며 모자섬까지 트래킹 할 수 있다는 말을 듣긴 했는데, 눈으로 보니 신기했다.

"우리도 내일 아침에 일찍 일어나 모자섬에 꼭 다녀오자"

해가 저물자, 삼삼오오 몰려있던 사람들은 다 사라졌고 공원에는 우리와 또 다른 텐트 하나만이 남았다. 이 곳은 시간마다 순찰을 도는 관리자가 있어 안전한 곳이다. 샤워장에서 샤워를 마친 후 우리는 나란히 누워 음악을 들으며 밤하늘을 감상했다. 밀키웨이. 밤하늘의 별을 구름이 휘감고 있었다. 아름다운 자태다. 저 멀리 반짝이는 불빛들은 오늘의 캠핑을 더욱 매력적으로 빛내주었다.

아름답다. 내가 그리던 캠핑이야.

두 번째 캠핑장, 위치 좋아! 날씨 좋아!

마음이 놓인 탓인지 쏟아지는 졸음을 이기지 못하고 들어가 잠을 청했다. 저녁 8시쯤 되었던 것 같다. 피곤해서 깊은 잠에 빠진 건지, 아니면 긴장이 풀려서인지 우리는 푹 잘 수 있었다. 텐트에서 일어난 시각은 새벽 5시 반. 또 다시 장엄한 일출을 만났다. 남편과 나는 두 손을 번쩍 들며 하와이의 두 번째 일출에게 인사했다. 어제와는 또 다른 아름다움이었다.

행복하다.
드디어 소원을 이루었다.

해변에서 텐트를 치고 사랑하는 사람과 함께 떠오르는 태양을 맞이하는 영화 같은 기억을 남겼다.

우리는 따뜻한 햇살을 맞으며 다시 잠을 청했다. 늦잠을 잔 탓에 물길을 가르며 모자섬을 건너진 못했지만 자연과 나, 나와 남편, 우리의 전우애가 돈독해 지는 시간이었다.
하와이에 감사했다.

하와이에서 또 캠핑을 하고 싶냐고 묻는다면?

하와이의 기후는 우리나라 초여름~여름 정도의 날씨를 1년 내내 유지한다고 한다. 더군다나 습하지가 않아서 트레킹이나 캠핑을 즐기기에 매우 적합한 곳이라고 생각한다. 하와이의 주립, 민간 캠핑장은 관리인이 아침 저녁으로 교대로 돌아다니며 허가서를 재확인할 정도로 치안이 잘 되어 있어 안전하다. 특히 우리가 갔던 쿠알로아리저널파크 캠핑장은 치안뿐만 아니라 샤워시설, 화장실 시설도 말끔해 큰 어려움이 없었다.

비싼 하와이 물가에 대비 캠핑비는 하루에 15불 정도로 많이 저렴하다는 것은 하와이 캠핑의 장점이다. 약 18,000원으로 스노쿨링과 서핑 그리고 낚시를 자유롭게 할 수 있다. 또한 새벽까지 멋진 풍경과 바닷소리를 눈과 귀에 담을 수 있다.

주의해야 할 부분은 캠핑장이 대부분 오후 6~7 사이 DOOR CLOSE 하기 때문에 이 시간이 지나면 들어가지도 나가지도 못한다고 한다. 때문에 하와이에서 캠핑을 할 예정이라면 시간에 조금 더 신경을 써야 한다.

캠핑은 단순히 먹고 즐기는 행위가 아니다. 자연을 이해하고 그 속에서 하나되는 즐거움을 느끼게 한다. 사람이 아닌 거대한 자연과의 커뮤니케이션이랄까. 비록 어려움이 있긴 했지만 이번 여행은 내가 진정한 여행자가 된 것 같은 기분을 만들어 주었다. 자연의 언어를 깨닫는 과정에서 느꼈던 감동은 또다시 캠핑을 떠날 이유로써 충분하다. 만약 다음에도 떠날 기회가 생긴다면 조금 더 욕심을 내 캠핑 일정을 추가할 생각이다.

엄마와 함께 떠난 제주도 여행

내가 해외 여행을 즐기지 않았던 이유는 여행 후 밀려드는 허무감 때문이다. 특히 친구들과 여행하며 먹고 놀다 아무런 깨달음 없이 단순히 즐거움만 안고 돌아올 때면 더 허무했던 것 같다. 그런 면에서는 엄마도 나와 비슷했다. 엄마는 열심히 땀 흘려 얻은 성과를 굉장히 의미 있게 생각하는 분이시다. 한때 많이 아프셨던 바람에 이제는 등산을 힘들어하시지만 엄마는 혼자서 등산 다니시는 걸 좋아했다. 정상에 오른 자만이 누릴 수 있는 감동이 있기 때문이었을까?

남편과 하와이를 다녀온 후 엄마와 의미 있는 시간을 갖고 싶어 일주일 동안 단둘이 여행을 떠나기로 했다. 엄마와 함께하는 제주도. 엄마의 언어를 들여다 보았던 시간이었다.

엄마가 바라보는 것들은

공항에 도착 후 '롯데리아'를 발견한 엄마는 그곳으로 들어가자 하셨다. 엄마는 암투병을 하셨던 분이셔서 식사에 대해 매우 엄격한 기준을 가지고 계신데 어쩐 일인지 오늘은 햄버거가 먹고 싶다고 하셨다. 햄버거를 먹으면 여행 가는 느낌을 주는 것 같다 하시며.
'햄버거'가 엄마에게는 일종의 일탈이지 않았을까?

제주도에 도착 후 기내에서 내리기 전 엄마는 창 밖을 유심히 보고 계셨다. 보이는 건 항로뿐인데 뭘 그렇게 보시냐고 하자 "목련아 기내 안으로 짐을 옮겨 주는 일을 아주머니들이 하시네. 엄마도 할 수 있을 것 같은데" 엄마는 계속 유심히 보셨다.
"엄마 제주도 가면 너무 좋고 멋진 곳이 많아서 일하는 사람은 보이지도 않을 거야."

선전포고하듯 말을 했지만, 우리가 다니는 곳곳마다 열심히 일하는 사람들이 있었다. 식사를 하러 들어간 식당에서도, 표를 교부하는 매표소에서도, 숲 해설을 들으면서도, 엄마는 일하는 사람들을 볼 때마다 감사하다는 인사를 전했다.

일하는 사람.
그간 엄마가 살아왔던 방식, 엄마의 삶을 조금 더 들여다 보게 했다.
일은 엄마의 존재를 다져준 삶의 일부였다.
동생과 나를 장성하게 키워낸 우리 엄마.
그리고 엄마가 해왔던 일들.
왜 이제서야 엄마의 지난 시간들이 보이는 걸까?

우리는 제주도에서 맛집을 찾아 다녔다. 주로 '건강식, 채식, 정성, 좋은 재료'라는 검색어를 입력해 찾은 곳들이 많은데, 그 중 엄마가 가장 마음에 들어 했던 곳은 '상춘재'였다. 그곳은 밥에 곁들여 나오는 된장국 조차도 추어탕 베이스로 국물을 만들어 내놓을 정도로 음식에 정성을 담았다. 주문했던 메뉴들이 모두 깔끔하고 정갈했다. 꽤 만족스러운 식사를 한 후 자리를 뜨려는데, 주방을 유심히 보던 엄마는 나를 보며 이 식당은 다음에 꼭 다시 오고 싶다고 말씀하셨다. 주방의 풍경을 유심히 보면 얼마나 깨끗하고 양심적인 곳인지 보이는데, 이곳은 차분하게 지시하는 주방장의 움직임에서도 정갈함과 완벽함이 느껴진다고.

엄마는 일하시는 분이 치우기 편하도록 우리가 먹은 그릇들을 하나씩 정리해 쌓아두셨다. 정성스러운 음식에 대한 엄마의 작은 보답이었을까? 테이블을 치우는 분이 알아 차렸는지, 아닐지는 모른다. 어떤 형태로든 진심을 남길 줄 아는 사람은 아름다운 사람이라고 생각한다.

'아름다운 우리엄마.'

상춘재 식사 후

이 글을 쓰며 '상춘재'를 다시 검색해보았다. 제주도에서도 꽤나 오래된 식당으로, 청와대 한식전문 요리사 출신의 주방장이 차린 식당이라는 글을 보고 엄마의 통찰력이 새삼 의미 있게 느껴졌다.

제주도 3일차, 일정을 마치고 숙소로 돌아와 엄마와 근처 어귀를 걸으며 나누었던 대화가 있다. 엄마는 긴 한숨을 내쉬더니 이제는 걱정이 하나도 안 된다고 하셨다. 그래서 뭘 그렇게 걱정하고 있었던 거냐 물었더니 엄마는 아빠와 동생이 먹을 밥과 빨래, 그리고 돈 나가는게 너무 걱정이었다고 고백하셨다. 이해하기 힘든 엄마의 걱정, 그것은 엄마의 헌신이 만든 책임감이었을까?

이제 엄마가 엄마만 생각하고 살았으면 좋겠다는 말이 목구멍 가득 맴돌았다.

걱정하지 말아요, 엄마

여행 마지막 전날, 우리는 한라산의 영실코스를 오르기로 했다. 출발이 늦었던 탓인지 영실코스 입구 주차장은 이미 만차였다. 우리는 결국 주차장보다 한참 떨어진 곳에 주차를 할 수 밖에 없었다. 높은 지대로 올라오니 마치 구름 속에 있는 것처럼 안개가 자욱했다. 안개를 헤치고 아무리 올라가도 주차장이 있는 영실 휴게소는 보이지 않았다. 거친 숨을 몰아 쉬며 1시간 반쯤 오르니 휴게소가 보였다. 힘겹게 도착한 곳인데 아직 입구였다. 3시간 정도 올랐던 것 같다. 저 멀리 백록담이 보였다. 드디어 윗세오름이 코 앞에 온 것이다.

아마 그때 우리가 오른 거리는 성판악 코스와 맞먹었을 것 같다. 한 5시간 정도 걸렸으니까. 감탄도 하기 전에 거친 숨을 내쉬며 지쳐있는 엄마를 보자 많이 미안했다. 사전에 제대로 알아봤더라면 좀 일찍 나와 쉽게 오를 수 있었을 텐데.

힘겹게 도착한 정상.
윗세오름.

천천히 움직이는 구름 아래로 보이는 고원은 분홍빛의 철쭉으로 뒤덮여 있었다. 엄마는 그 가운데에 우뚝 솟은 웅장한 자태의 백록담을 말없이 바라보며 이렇게 말했다.

"우리 딸은 엄마처럼 살지 말고 하고 싶은 것 다 하면서 살았으면 좋겠다."
이 멋진 풍경을 보면서 무슨 소리를 하는 거냐며 무안한 듯 엄마를 툭 치며 웃었지만, 지난 엄마의 삶이 오버랩되며 마음이 뜨거워졌다. 만감이 교차했다.

후회하지 마세요 엄마. 엄마의 삶은 감히 따라 할 수도 없을 만큼 위대한 삶이었어요. 저기 보이는 백록담만큼이나.

기록이 주는 의미를 깨닫다

안식월. 그 안에는 내가 사랑하는 사람들이 있었다. 소중한 지인들을 통해 숨어있던 감동을 발견했고, 뒤늦게 엄마의 지나온 삶을 깨달았다. 나와 남편은 앞으로 살아갈 힘을 얻었다. 내가 경험했던 시간들이 특별한 의미로 남아 있는 것 같아 스스로 대견스러웠다.

안식월, 마음에 여유를 되찾아 주었던 시간.
소중한 사람들을 돌아볼 수 있었던 시간.

좋았던 시간들을 언제라도 꺼내 회상하고 싶다는 이유로 휴일을 포함해 30일이 조금 넘는 시간의 일상을 소소하게 기록해두었다. 짤막한 한 줄일지라도 내가 느낀 것들을 매일같이 기록해 두었더니 당시에 사소하게 여겼던 사건들이 한참이 지난 지금에서는 새로운 의미로 다가왔다. 안식월 기간 동안 의식적으로 오늘은 무엇을 기록할 수 있을까를 생각하면서 시간을 보내기도 했다. 이런 생각은 단조로웠을 일상을 조금 더 특별한 시각으로 바라볼 수 있게 만들었다.

> 과거를 역력히 회상할 수 있는 사람은 참으로 장수를 하는 사람이며, 그 생활이 아름답고 화려하였다면 그는 비록 가난하더라도 유복한 사람이다. 예전을 추억하지 못하는 사람은 그의 생애가 찬란하였다 하더라도 감추어 둔 보물의 세목과 장소를 잊어버린 사람과 같다. 그리고 기계와 같이 하루하루를 살아온 사람은 그가 팔순을 살았다 하더라도 단명한 사람이다. _피천득 『인연』

한 달 휴가의 원고를 작성하며 지난 기록들을 하나씩 꺼내어 보았다. 어렴풋한 기억이었지만 지난 기록들을 들추니 피천득이 말한 장수의 비밀을 실감하듯 기억의 조각들이 머릿속에서 살아 맞춰졌다. 기록은 치유를 경험할 수 있는 좋은 도구인 것 같다. 안식월을 기록하는 일. 앞으로 안식월을 떠나는 이들에게 추천해 주고 싶다.

추억할 거리들이 많아 마음이 풍족하다.

엄마의 뒷모습

오롯이 자신에게 집중한
한 달간의 다이어트 프로젝트

김민지의 한 달 휴가

나에게 안식월이란?

한창 업무를 보는 오후 3-4시쯤, 기지개를 켜면서 심호흡을 크게 하는 순간이 있다. 집중했던 눈과 몸의 긴장감을 풀고 한 템포 쉬어가는 타임. 머그잔에는 식은 커피 대신 다시 따듯한 커피를 내리고, 자세를 고쳐 앉는 시간. 배가 고프다면 약간의 간식으로 당을 충전하는 순간. 안식월은 바로 그런 순간이다. 흐트러진 몸과 마음을 다잡고 후반전을 달리기 위해 재정비하는 시간이다.

김민지. 크리에이티브 본부 대리

엔자임에서 사회생활을 시작했다. 인턴 기간을 거쳐 정직원으로 전환됐던 순간이 아직도 생생한데 벌써 4년차 직장인이 되었다. 크리에이티브 본부에서 '헬스케어 디자인'이라는 주제 아래 영상을비롯한 온라인 콘텐츠, 제작물의 컨셉과 구성을 고민하는 기획 담당이다. 크리에이티브 기획이란 늘 어렵고 때론 무섭기도 하지만 어느 분야든 쉬운 일은 없다는 걸 알기에 묵묵히 주어진 일에 최선을 다하고자 노력한다. 무엇보다 항상 부족한 나머지 부분을 채워주시는 본부장님, 선배님들과 함께 배우면서 성장하고 있다.

30살, 재정비가 필요한 때

08학번 새내기로 20살을 보낸 게 엊그제 같은데 벌써 2018년. 정확히 10년이 지나 나는 30살이 되었다. 10년이면 강산도 변한다는데, 나는 그 동안 얼만큼 변하고 성장해 왔는지 자연스럽게 돌아보는 시간을 맞이한 것이다.

10년 단위로 내 인생을 되돌아 보자면 크게 3번의 순간을 떠올려 볼 수 있다. 10살. 초등학교 3학년 때의 기억은 많지 않지만 그저 6년 초등학교 과정을 이제 막 절반 마친 것 만으로 뿌듯해하며 고학년 선배가 된다는 설렘이 있었던 것 같다. 20살 때는 교복을 벗는다는 행위와 동시에 자유라는 선물을 받았다. 19살과 20살은 고작 하루 차이였지만 완전히 다른 생활이 기다리고 있었다. 12월 31일 12시를 기점으로 알코올 향에 취할 수 있었고, 좋아하는 공부를 선택할 수 있었고, 원하는 대로 얼굴과 머리를 치장할 수 있었다. 그렇게 주체적으로 나의 것을 선택하고 때론 책임을 져야 하는 성인으로서의 삶을 즐기며 시간가는 줄 모르게 20대를 보냈다.

그리고 맞이한 2017년 12월 31일 밤 12시. 여느 때와 같이 가족들과 둘러앉아 케이크를 앞에 두고 새해 소원을 빌었다. 그런데 왠지 들뜬 연말 분위기에 취하기 보다 알 수 없는 불안감이 드는 건 왜였을까? 29살에서 30살이 되는 순간은 그냥 어제와 오늘 일뿐, 19살에서 20살이 되던 그날과는 달랐다. 전혀 새로울 것이 없는 평범한 하루가 지나가고 있을 뿐이었다.

학생 때는 새 학년이 되면 자연스럽게 새로운 친구들을 만날 수 있었고, 주어진 공부를 시작했다. 가만히 있어도 나에게 필요한 새로운 환경과 경험이 저절로 만들어졌고 성실하게 임하기만 하면 어려울게 없었다. 하지만 성인이 된 이후에는 더 이상 그냥 주어지는 것은 없다. 자유는 해방감을 주지만 동시에 낯선 경험도 새로운 관계를 맺는 일도 스스로 개척해야 했다. 물론 30살이 되었다고 거창한 변화가 있어야 하는 건 아니었다. 하지만 본능적으로 느껴지는 아쉬움과 불안감은 지금까지와는 다른 무언가에 대한 갈증을 느끼게 했다. 다시 10년이 지나 39살이 되었을 때, 그때는 불안감이 아닌 지난 10년을 되돌아보며 보람되고 괜찮은 시간을 보냈다는 생각이 들면 좋겠다고 생각했다.

지금, 나에겐 무엇이 가장 필요할까? 그날 이후 무엇인지 모를 불안감과 위기감이 불쑥 불쑥 나를 건드렸고, 어떻게 해결해야 할지 고민하는 시간이 필요했다. 앞으로 남은 나의 미래를 위해 재정비할 시기가 찾아온 것이다. 때마침 나의 첫 안식월도 함께 왔다.

여행지는 정했어?

안식월 휴가를 신청하고 나니 주변 동료들은 내게 어느 나라로 떠날지 물어왔다. 안식월을 맞은 엔자이머(엔자임헬스에 근무하는 사람들)는 대부분 해외여행을 1순위 계획으로 꼽는다. 평소에 연차를 내고 가기엔 부담스러운 먼 나라나 오래 머물고 싶은 곳을 선택해서 여유로운 시간을 보내고 온다. 나 역시 한 달의 자유시간이 주어진 만큼 학생 때 해 보지 못한 유럽 배낭여행이나 남미 투어를 가고 싶다는 막연한 계획이 있었다.

하지만 막상 안식월이 다가오자 해외여행보다는 30살을 마주한 내 자신과 더 값진 시간을 보내고 싶었다. 여행을 통해 성찰하면서 자신의 온전한 모습을 찾는 사람들도 있지만 나에게 여행은 유희와 낭만에 가까웠다. 한가롭게 여행을 즐기는 시간보다 조금 더 나를 탐색하고 알 수 없는 불안을 해소하는 성찰의 시간이 필요했기에 이번 안식월은 내 일상에서 오롯이 나만을 위한 시간을 보내기로 마음먹었다. 그래도 집에만 있기엔 섭섭해 1박 2일의 짧은 국내 여행들을 즐겼다.

한 달 동안 뭘 하지?

평범한 나의 일상을 재정비하기로 마음먹은 뒤, 계획이 필요했다. 먼저 내가 원하는 삶과 목표를 점검하기 위해 그동안 정말 리스트로만 존재했던 나의 버킷리스트를 꺼내보았다. 경험한 만큼 생각도 커진다는데 내 다이어리에는 정말 소소(小少)한 것들이 적혀 있었다.

오로라 보기 / 해리포터 스튜디오 여행가기(해리포터를 굉장히 좋아한다) / 베이킹 배우기 / 체지방량 20% 도전 & 비키니입고 워터파크 가기 / 내 이름으로 책 내기 / 오늘의 인물로 미디어 인터뷰하기 …

구체적이지도 않고 거창하지도 않은 막연한 생각들의 나열이었지만 나의 잠재된 욕구들을 반영하고 있는 얄팍한 단서들이었다. 그중에서 눈에 띈 건 '체지방량 20% 도전' 이었다. 저 당시에 왜 저렇게 목표를 잡았는지 모르겠지만(아무래도 체지방량이 20%가 훌쩍 넘었었나 보다) 30살이 되면서 부쩍 운동의 필요성과 체력 증진에 대한 갈증을 느끼고 있던 터라 나의 시선을 끌었다.

게으르면서도 하고 싶은 건 많은, 욕심쟁이 성격을 가진 나는 자기계발 욕구가 강한 편인데, 항상 무엇을 시작해도 브레이크를 거는 건 '체력'이었다. 퇴근 후 다니는 영어 학원에서는 졸음이 쏟아지기 일쑤였고, 여유 있는 출근 준비를 위해 '15분 일찍 일어나야겠다'는 새해의 계획은 첫 날부터 처참히 무너졌었다.

이런 나의 모습에 자책도 많이 했지만, 아무리 동기가 충만하고 좋아하는 일이라고 하더라도 기본적으로 체력이 되지 않으면 의지도 쉽게 흔들린다는 사실을 몸소 실감하던 차였다. 명색이 '헬스케어' 전문 회사를 다니면서 나의 건강도 제대로 챙기지 못했다는 점이 부끄럽기도 했고, 나의 구부정한 자세와 식습관에 대해 걱정해 주시는 엔자임 동료 선배님들의 마음이 점점 이해되기 시작했다.

체력도 체력이지만 살면서 멋진 몸매를 가져보는 것도 굉장히 의미가 있는 일이다. '보통' 수준으로 살기에도 벅찬 요즘 시대에 노력한 만큼 100% 정직한 결과를 보여주는 운동은 온전히 나의 힘으로 '최고'를 경험할 수 있는 일이니까. 그리고 어제와 오늘 같았던 29살과 30살의 변화를 만드는 계기로도 손색이 없었다. 이왕이면 구체적인 목표가 있으면 좋을 것 같아 요즘 자신의 멋진 모습을 기념하기 위해 많이 하는 '바디프로필' 촬영에 도전하기로 마음먹었다. 이렇게 나의 안식월 목표는 내 성장의 기반이 될 체력 증진과 멋진 몸매를 위한 '다이어트'가 되었다.

안식월 준비하기

안식월 휴가는 2018년 11월 1일부터 30일까지 신청했다. 중간에 공휴일이 없어 정확히 한 달이 주어진 셈이다. 여행을 앞두고 있다면 낙천적인 성격대로 큼지막한 계획만 세웠을 테지만, 다이어트와 좀 더 그럴싸한(?) 일상을 보내기로 한 이상, 1일부터 안식월 계획을 실행할 수 있도록 휴가 열흘 전부터 사전 준비를 시작했다. 안식월 첫날부터 운동을 시작할 수 있도록 미리 헬스장을 돌아다니며 시설을 비교해 등록하고, 필요한 운동복과 운동화를 구매했다. 읽고 싶었던 책 리스트를 정리하고, 친구들과의 1박 2일 여행 코스도 미리 공유했다. 그렇게 11월 1일 아침, 나는 사무실이 아닌 헬스장으로 출근 했다. 어제와 완전히 다른 오늘이 시작된 것이다.

안식월을 떠나면서 남긴 내 메모

제 목표는요 – '체지방률 15%'

헬스장으로 첫 출근을 한 날. 본격적인 운동 시작 전, 현재 내 몸의 체지방과 근육량 상태를 확인할 수 있는 인바디를 측정했다.

몸무게 56.2kg / 골격근량 23kg / 체지방 13.2kg / 체지방률 23.5%

정말 모든 항목이 '보통' 구간에 안전(?)하게 들어와 있는, 나쁘지도 좋을 것도 없는 평범한 결과였다. 하지만 이건 그저 건강에 큰 이상이 없다는 수치일 뿐, 나의 목표인 체력증진과 아름다운 몸매와는 관계가 없었다. 바디프로필을 위해선 근육량은 늘려야 하고 체지방은 줄여야 했다. 더 성공적인 결과를 위해 트레이너 선생님과 목표를 정했다.
'체지방률 15%이하'

그 정도가 되면 다이어트 꿈나무들의 욕구를 자극시키는 멋진 바디프로필 사진을 찍기에도 충분하다고 했다. 오케이. 별거 있나. 이제 조금 먹고 운동은 선생님한테 맡기면 되지. 이때까지만 해도 안일한 생각이었다.

2018년 10월 19일에 측정한 인바디 결과지(앞 면, 뒷 면)

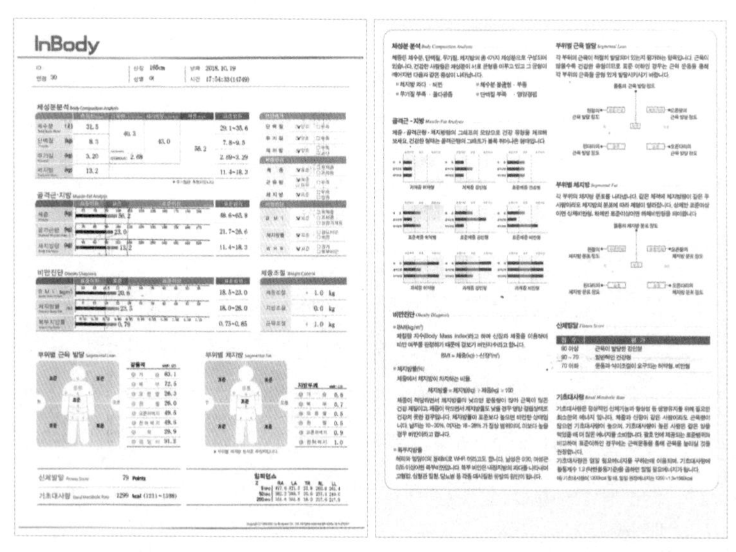

InBody

연령 30 | 신장 166cm | 성별 여 | 날짜 2018. 10. 19 | 시간 17:54:33(14749)

체성분분석 Body Composition Analysis

					표준범위
체수분 (ℓ)	31.5	40.3	43.0	56.2	29.1~35.6
단백질 (kg)	8.5				7.8~9.5
무기질 (kg)	3.20	2.69			2.69~3.29
체지방 (kg)	13.2				11.4~18.3

골격근·지방 Muscle-Fat Analysis

		표준범위
체중 (kg)	56.2	48.6~65.8
골격근량 (kg)	23.0	21.7~26.6
체지방량 (kg)	13.2	11.4~18.3

비만진단 Obesity Diagnosis

		표준범위
B M I (kg/m²)	20.6	18.5~23.0
체지방률 (%)	23.5	18.0~28.0
복부지방률	0.79	0.75~0.85

체중조절 Weight Control

체중조절	+ 1.0 kg
지방조절	0.0 kg
근육조절	+ 1.0 kg

부위별 근육 발달 Segmental Lean

부위별 체지방 Segmental Fat

신체발달 Fitness Score 79 Points

기초대사량 Basal Metabolic Rate 1299 kcal (1211~1399)

임피던스

체성분 분석 Body Composition Analysis

골격근 - 지방 Muscle-Fat Analysis

부위별 근육 발달 Segmental Lean

부위별 체지방 Segmental Fat

비만진단 Obesity Diagnosis

BMI = 체중(kg) ÷ 신장(m²)

신체발달 Fitness Score

점수	평가
80 이상	근육이 발달한 강인형
80~70	일반적인 건강형
70 이하	운동과 식이조절이 요구되는 허약형, 비만형

기초대사량 Basal Metabolic Rate

다이어트도 공부가 필요해

본격적으로 다이어트를 시작하면서 일명 '다이어트 식단'을 시작해야 했다. 담당 트레이너 선생님께서는 운동을 해본 경험이 없기 때문에 식단을 처음부터 병행할 경우 지칠 수 있다고 조언하셨지만 나는 성급하게 식단 조절을 시작했다. 다이어트를 시작한다는 소식에 주변 다이어터들이 닭 가슴살과 닭 가슴살 소세지도 지원해 주었다. 매 끼니 닭 가슴살이 포함된 신선한 채소 한 접시를 먹으며 운동을 병행하는 그럴싸한 다이어트 라이프가 시작됐다. 유산소운동이 체지방 연소에 좋다는 상식을 더해 매일 한 시간씩 러닝머신을 걸었다.

하지만 얼마 뒤 측정한 인바디 결과는 처참했다. 먹는 것도 줄이고, 운동은 열심히 했는데 체지방률이 오히려 올랐기 때문이다. 지방 감소가 어느 정도 있었지만, 근육량이 더 많이 감소되어 결과적으로 체지방 비율이 상승한 것이다. 원인은 식단이었다.

운동 강도에 맞지 않게 몸의 에너지원이 되는 탄수화물의 섭취가 턱없이 적었기 때문이다. 부족한 에너지를 채우기 위해 몸에서는 단백질을 사용하게 되고 결과적으로 근육 손실이 일어난 것이다. 아뿔사! 그간의 노력이 헛수고가 되다니. 다이어트는 결코 간단한 일이 아님을 깨닫는 순간이었다.

닭가슴살과 채소 위주의 초기 식단(에너지가 되는 당질의 탄수화물이 매우 낮은 비중)

#다이어트식단 #클린식단 #건강식단 #밀프렙

식단 실패(?)의 쓴 맛을 보고 난 뒤, 나의 식사는 하루 세 끼에 하루 세 번의 간식 타임이 추가 되었다. 아침식사-아침 간식-점심 식사-점심 간식-저녁식사-저녁 간식까지, 만만하게 생각했던 다이어트는 하루 식사를 챙기는 것부터가 쉬운 일이 아니었다. 매 끼 마다 탄수화물, 단백질, 지방을 골고루 섭취할 수 있도록 노력했다. 균형 있는 식단을 구성하기 위해 필요한 식재료가 떨어지지 않도록 장을 보고, 조리하고, 알맞은 양을 계산하다 보면… 하루가 먹고 운동하는 걸로 끝나기도 했다.

다이어트에 좋은 식재료와 레시피에 대한 팁을 얻기 위해 SNS 계정에 관련 키워드를 검색하고 모두 팔로우 했다. #다이어트그램 #다이어트식단 #저칼로리식단 #웰빙식단 #다이어트도시락 등등 관련 해시 태그와 다이어트 도시락 레시피를 개발해 올리는 계정을 팔로우한 덕에 나의 인스타그램 피드에는 다이어트 식단이 매일같이 쏟아졌다.

다이어트 식단 하면 초록색 채소 가득한 샐러드가 먼저 떠오르는 나의 생각과 다르게 다양한 식재료로 보기에도 맛있어 보이는 한 끼 식사들이 넘쳐났다. 클린식단(*탄수화물, 단백질, 지방이 적절한 비율로 구성된 건강한 재료와 조리법으로 요리한 식단) 이외 다이어터들을 위한 다양한 간식, 밀가루 대신 단백질과 식이섬유 함량이 높은 귀리를 사용한 빵, 다이어트 커피, 단백질 함량이 높은 스낵, 닭고기로 만든 육포 등등 일일이 나열하는 게 입이 아플 정도로 제품은 다양했다. 새로운 세상의 새로운 제품들을 구경하는 재미도 쏠쏠했다.

다이어터들이 열심히 공유해준 식단 정보 덕에 나의 식단은 건강한 한끼가 완성되어 갔다. 탄수화물은 주로 단호박, 고구마, 감자, 곡물 쉐이크를 통해, 단백질은 다이어트하면 떠오르는 닭 가슴살을 메인으로 연어, 두부, 콩, 소고기, 오징어, 계란을 주로 먹었다. 식이섬유 섭취를 위해서 각종 채소(당근, 양배추, 양상추, 콜라비, 파프리카, 토마토 등등)를 포함했다. 그 외 지방은 조리 과정이나 기본 식재료에 포함되어 있기 때문에 별도로 구성하지 않고 한 봉지씩 포장되어 나오는 하루견과를 챙기는 정도로 만족해야 했다. 다이어트를 하는 동안 영양소 결핍을 막기 위해 멀티 비타민과 비타민 C, 오메가 3, MSM 영양제도 추가했다.

누군가는 피곤하다고 생각할 수 있지만, SNS에 올라온 다이어터들의 건강한 식단 인증 사진과 눈바디(눈+인바디 합성어로 시각적으로 변화하는 몸의 모습을 체크하는 것), 운동 모습은 나에게 건강한 자극이 되었다.

매일 세 번의 식사는 단순히 배를 채우는 시간일 수도 있겠지만 다이어터들에게는 좋은 식재료를 준비하고 건강한 레시피를 개발하고 예쁘게 플레이팅하는 노력을 통해 스스로를 돌보는 소중한 시간이었다. 다이어터들의 한 끼 식사들을 보다 보면 스스로에게 정성을 들이는 그들의 열정과 보람이 느껴졌다. 나 역시 건강한 식사와 운동으로 채워지는 하루를 보내면서 자신의 노력으로 얻어질 멋진 결과에 대한 기대와 설렘이 생기기 시작했다.

건강한 맛을 찾게 되다

다이어트 식단은 조리 방법이 심플하다. 조리 과정이 복잡하면 그만큼 들어가는 재료와 소스들이 많아지고 그에 비례해서 열량도 높아지기 때문이다. 야채는 생으로 먹고, 고구마나 단호박은 삶거나 찌고, 가끔 스프를 만들기 위해 토마토를 끓이는 정도 외에는 복잡한 조리과정이 없었다.

본래의 재료 맛을 그대로 살려낸 간단하고 건강한 조리법 덕에 나는 식재료 그대로의 맛을 느낄 수 있었다. 고구마와 단호박의 퍽퍽한 식감과 달달한 맛이 좋았고, 가끔 닭 가슴살이 비릴 때는 라임이나 레몬즙을 살짝 뿌려먹는 걸로 충분했다. 배고플 때 식욕을 달래주는 토마토, 오이, 파프리카, 양배추 등은 생각보다 단맛이 강해 과일 못지 않았고 특히 콜라비 맛에 눈을 뜨고 난 뒤에는 나의 최애 간식이 되었다. 무도 아니고 배도 아닌 콜라비는 아삭하고 달콤했다.

그러는 동안 고칼로리의 패스트푸드는 물론 라면, 과자, 아이스크림을 멀리했다. 아이스크림과 과자가 먹고 싶지 않은 건 아니지만 굳이 찾아 먹고 싶지는 않아졌다는 게 가장 큰 변화였다. 스트레스를 받으면 간혹 먹고 싶을 때도 생겼지만 그럴 때마다 방울토마토나 콜라비 등을 먹었다. 건강한 맛에 순식간에 위안이 되었다. 끼니나 간식을 준비할 때는 최대한 정제되지 않은 재료 그대로를 찾게 되고, 합성 첨가물이 있는지, 원산지는 국산인지, 영양성분은 어떻게 되는지 한 번씩 체크하게 되는 건강한 습관이 생겨나고 있었다.

베란다에 항상 구비되어 있는 건강한 식재료

나에게 필요한 열량과 영양성분에 맞춘 건강한 다이어트 식단

제대로 된 한끼를 탐하다

다이어터들에게는 계획에 따라 정기적인 자유 식단의 날이 주어진다. 일명 '치팅데이'.

치팅데이(Cheating Day)는 '(몸을) 속인다'라는 뜻의 'Cheating'과 '날(日)'이라는 뜻의 'Day'가 합쳐진 말인데 '치트밀(Cheated Meal)'도 동일한 의미다. 본래는 식단 조절로 인해 발생하는 대사량 저하를 막기 위해 1~2주에 한 번 정도 충분한 열량의 음식을 먹는 날이지만 많은 사람들이 이 날 만큼은 '무엇이든' '먹고 싶은 만큼' 먹는 날로 잘못 알고 있기도 하다.

나는 따로 치팅데이를 정해 놓지 않고 약속이 있는 날, 어쩔 수 없이 외식을 해야 하는 날을 치팅데이로 삼아 맛있는 음식들을 즐겼다. 예전에는 외식 메뉴 선정에 크게 관여하지 않는 편이었는데 아무래도 다이어트를 하다 보니 그나마 단백질 함량이 높은 메뉴를 선택하거나 열량에 부담이 없는 메뉴로 친구들에게 사전 양해를 구하기도 했다.

혹은 그동안 먹고 싶었지만 참았던 메뉴를 먹기도 했는데, 대신 꼭 입소문이 난 맛집을 찾아 제대로 된 미식을 즐겼다. 어쩌다 한 번 오는 기회이니 그저 그런 평범한 맛으로 소중한 식사 시간을 보내고 싶지 않았다. 먹는 것에 신경 쓰게 되면서 '맛없는 걸 먹고 살찌는 게 가장 싫다'고 했던 동료 대리님의 남편 말씀이 백 번 이해되었다.

그렇게 예전에는 크게 관심 없던 맛집 어플은 이제 나의 미식 아카이브가 되었다. 인터넷 서핑을 하다가 가보고 싶은 식당들이 보이면 저장해 두고 약속이 생길 때마다 맛집을 찾아갔다. 식당의 분위기부터 메뉴의 구성, 재료는 무엇인지 그리고 어떤 맛이 나는지 식사가 이루어지는 시간은 단순히 요기를 하는 것이 아니라 오감을 깨우고 즐기는 행복한 시간이 되었다. 다이어트를 하면서 맛집 탐방도 다니는 아이러니한 상황이지만 나에게 식사는 건강한 식단 혹은 미식을 즐기는 시간으로 변화되고 있었다.

운동은 처음이라…

식단만큼이나 고민이 많이 됐던 건 운동이다. 평소 틀어진 자세로 인해 목과 어깨에 과도한 스트레스가 있었고, 고질적으로 무릎이 약해 치료받은 경험까지 있어 강도 높은 운동이 망설여졌다. 퍼스널 트레이닝을 포함해 자세 교정과 재활에 좋다는 필라테스, 마음 수련을 병행할 수 있는 요가, 에어로빅과 요새 유행하는 스피닝(*실내 사이클을 이용한 그룹 수업)등 유산소 운동을 두루 할 수 있는 GX 프로그램도 리스트에 올려놓았다.

안식월 시작 전, 각 운동의 효과를 사전 조사하고 헬스장을 돌아다니며 상담을 받은 결과, 내가 원하는 다이어트를 하려면 어느 정도 강도 높은 트레이닝이 필요했다. 그리고 바디프로필 준비를 위해서는 더욱 집중적인 웨이트 운동이 필요하다는 결론을 얻었기에 과감히 퍼스널 트레이닝을 받는 것으로 결정했다. 여기에 그동안 배우고 싶었지만 강습 시간을 맞추기 어려웠던 수영도 등록했다. 두 가지 운동을 병행하는 게 무리가 될까 걱정도 됐지만 기회가 왔을 때 조금이라도 배우자는 심정으로 욕심을 부렸다. 그렇게 안식월이 시작되자마자 나의 하루는 운동으로 시작해서 운동으로 마무리 되는 스케줄이 되었다.

매일 아침에는 헬스장에 가서 웨이트 트레이닝과 유산소 운동을 했고 월, 수, 금요일 저녁에는 수영장에 가서 열심히 물질을 했다. 강도 높은 운동 스케줄이었지만 하루의 주 일과가 운동이다 보니 다행히 피곤함을 느끼진 않았다. 체력이 어느 정도 상승한 이후부터는 고중량의 웨이트 트레이닝이 시작됐다. 처음에는 투박한 외모에 차가운 쇠로 만들어진 운동기구들과 친해지는 일이 쉽지 않았다. 난생 처음 들어보는 무게의 쇳덩이를 어깨에 지고 하체 운동을 하는 날들이 이어졌다. 제대로 된 자극과 부상 방지를 위해 올바른 자세를 잡는 것부터 쉽지 않았다. 선생님의 시범은 간단해 보였지만 내 몸은 왜 따라 주지 않는지. 내 몸에 달린 내 팔과 내 다리였지만 마음대로 되지 않을 때는 참으로 야속하고 답답했다. 한편으로는 그동안 내 몸을 그만큼 돌보지 않았다는 반증이었기에 괜히 미안함이 드는 날도 있었다.

처음 해보는 웨이트 트레이닝은 유산소 운동과 또 다른 재미가 있었다. 불과 며칠 전까지 꼼짝도 하지 않았던 무게를 들어 올렸을 때는 새로운 스코어를 달성한 뿌듯함이 있었고, 원하는 부위에 자극이 느껴질 때는 그동안 잠시 뜸했던 성취감을 느낄 수 있었다. 그런 다음날 아침에는 어김없이 온 몸이 두드려 맞은 것 같은 근육통이 찾아왔는데, 30년만에 제대로 시작한 운동 덕에 평소 쓰지 않던 근육들이 꽤나 놀란 느낌이었다. 내 안에 존재했지만 느낄 수는 없었던 근육들이 깨어나 아우성을 치는 것 같았다. 하지만 그런 날에도 어김없이 헬스장으로 출근했다.

그렇게 운동 효과가 하루하루 쌓여가면서 몸 안에서는 조금씩 새로운 느낌들이 생겨났다. 걸음을 걸을 때는 하체 근육이 단단히 잡혔고, 거북목 증후군과 라운드 숄더로 구부정했던 등은 올바른 자세로 폈을 때 오히려 편해졌다. 빈약했던 팔에 모양을 드러내는 팔 근육, 힘 주지 않아도 단단하게 나를 지탱해주는 복근까지. 남들은 모르지만 내 안에서는 분명한 변화들이 생겨나고 있었다. 근육의 통증을 느끼고 거울 앞에서 변해가는 모습을 보면서 나와 내 몸의 교감이 시작되는 것 같았다.

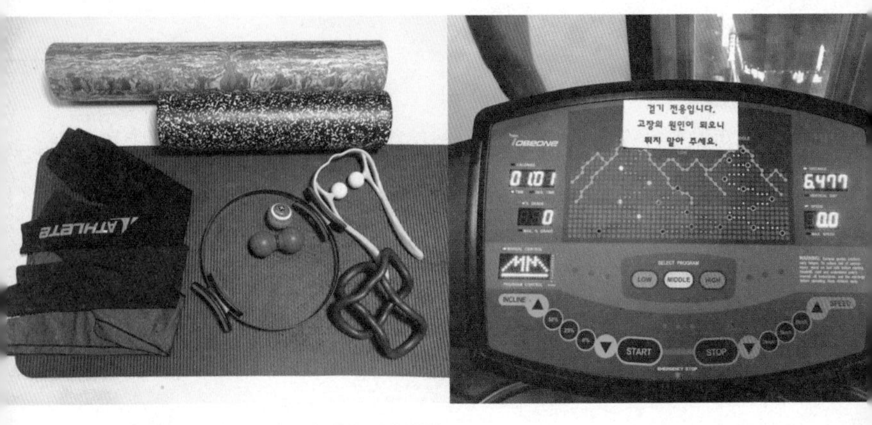

운동을 위해 구비한 준비물과 유산소 운동 1시간 인증샷

변화가 시작되다

한 달하고도 보름 정도가 되면서 수치적으로
그동안의 노력이 보여지고 있었다.

안식월 한 달간의 다이어트 결과는
'체지방 3kg 감량. 체지방률 20%.'

중간에 손실됐던 근육량을 회복하고 체지방 감량에 성공했다. 최종 몸무게는 2.3kg 정도 밖에 차이가 나지 않지만 근육량을 유지했기에 의미가 있었다. 결과적으로 버킷리스트였던 체지방률은 달성한 셈이다. 중간점검 치고 나쁘지 않은 결과지만 바디프로필이라는 목표까지는 아직 갈 길이 멀었다.

원고를 쓰는 이 기간에도 다이어트는 계속 진행 중이다. 회사에 복귀한 이후에도 점심, 저녁 도시락을 챙겨 다니면서 식단과 운동을 병행하고 있다. 아무래도 외식이 잦아지면서 체중이 들쑥날쑥 할 때도 있지만 조금씩 지속적인 감량이 이루어지고 있다. 목표에 가까워질수록 식단을 더 철저히 챙기게 된다.

다이어트 시작 후 나의 일과에는 많은 변화가 생겼다.

아침식사를 챙기기 위해 기상시간은 30분 앞당겨졌다. 공복의 몸무게를 체크하고 물 한잔으로 수분을 충전한다. 사과 반 개와 닭 가슴살 또는 두부, 신선한 샐러드로 배를 채워 잠들었던 신체와 정신을 깨운다. 그리고 거울 앞에서 몸의 변화를 사진으로 기록하는 눈바디 촬영을 하면서 몸 구석 구석을 살핀다. 오늘은 컨디션이 어떤지, 붓기가 있는지, 어느 부위 운동이 더 필요할지, 컨디션은 어떤지 매일 스스로를 살핀다.

나는 지난 30년간 스스로를 이렇게 자세히 관찰했던 적이 있었나.

신체의 변화를 마주하는 시간들은 자연스럽게 내면의 대화로도 이어진다. 요새 가장 스트레스를 받는 건 무엇인지, 힘들었던 순간은 언제인지 생각하고 보듬고 위로하는 시간을 갖게 되었다.

다이어트는 신체의 변화만 가져온 건 아니다. 줄어든 바지사이즈와 더 강도 높은 운동을 할 수 있게 된 것도 보람되지만 하나씩 변화된 건강한 습관들과 나의 마인드에도 많은 변화가 생겼다. 대수롭지 않게 생각했던 한 끼 식사를 대하는 마음가짐, 주변의 자극에도 나의 목표를 향해 흔들림 없이 나아갈 수 있는 강직함, 외부로 향하는 시선을 나에게 집중할 수 있는 힘.

항상 마음만큼 따라 주지 않았던 몸을 원망했던 예전과 달리, 이제 몸과 마음이 하나가 되어 온전히 나의 의지로 컨트롤 할 수 있겠다는 자신감이 생겨났다는 게 가장 큰 변화일 것이다.

다이어트라 쓰고 성찰이라 읽는다

건강한 식단과 적절한 운동으로 얻어진 신체 변화는 정직했다. 요령은 통하지 않았다. 식단을 벗어나거나 쉽게 운동하면 딱 그만큼의 결과가 주어졌다. 특히 운동을 할 때에는 자세가 올바르지 않으면 엄한 근육이 고생을 했고, 중량에서 타협하면 근력 성장은 기대하기 어려웠다. 근육에 '의미 있는' 상처를 내기 위해서는 덤벨을 몇 번, 몇 세트로 들어올리냐 보다는 한 번을 들더라도 할 수 있는 나의 한계치의 무게를 이겨내는 게 중요했다. 무거운 무게를 지고 도저히 일어날 수 없을 것 같을 때, 바로 그 한번으로 운동의 결과가 달라지는 것이다. 지금의 고통이 곧 멋진 결과로 이어진다는 것을 알았기에 스스로를 매일 한계치까지 끌고 가야 했다. 피곤하다는 핑계로 '적당히' 운동을 해도 나만 아는 사실일 뿐, 누가 뭐라고 하지 않았지만 그런 날은 뭔지 모를 찝찝함이 남았다. 대신, 정도를 지켰을 때에는 100% 정직한 결과로 보상받았다.

이렇게 오로지 나의 성장과 만족을 위해 시작한 다이어트.

경쟁해야 할 상대가 있는 것도 아니고, 꼭 해야만 하는 일도 아니었기에 매일매일이 자신과의 싸움이었다. 이전까지는 강력한 동기부여가 없다면 자신과의 싸움을 하는 일은 매우 어렵다고 생각했지만, 다이어트를 통해 깨닫게 된 것은 외부와의 경쟁보다는 오히려 나와의 싸움이 더 쉽다는 것. 어떤 변수로 다가올지 모르는 외부의 상황과 다르게, 나와의 싸움은 오롯이 내가 계획하고 묵묵히 수행한다면 목표 달성이 보장되는 안전한 게임(?)이라는 것이다.

다이어트라는 흔한 주제의 도전이었지만, 그 과정에서 느끼고 배운 것은 결코 가볍지 않았다. 타인에 의한 수동적인 노동이 아닌 능동적인 훈련으로 스스로를 다져나가는 과정의 즐거움을 느꼈고 '쓴 맛을 달게 느낄 수 있는 지혜'와 '꾸준함과 정직한 노력'은 배신하지 않는다는 삶의 정직한 공식들을 되새길 수 있었던 값진 시간이다.

끝이 아닌 시작

바디프로필 촬영까지 마치면 이제 나는 다이어터가 아닌 유지어터로 승격(?)한다. 말 그대로 다이어트로 만들어진 몸을 유지하는 생활이 이어져야 한다. 황금 같은 안식월 기간과 해외여행 못지 않은 경제적 투자가 투입된 나의 프로젝트를 안일한 관리로 무산시킬 순 없기 때문이다. 그동안 노력해온 과정을 통해 입맛에도 변화가 생겼고 운동하는 습관도 생겼지만 안일해지는 건 한 순간이기 때문에 긴장의 끈을 놓을 수 없다. 어쩌면 더 피곤한 삶이 시작된 건 아닐까 하는 걱정도 있다. 하지만 한 번 이루어 낸 일은 더 이상 꿈이 아닌 목표가 되는 것. 나의 몸과 마음을 관리하고 정비하는 방법을 알았다는 게 가장 중요한 사실일 것이다. 어서 빨리 다이어터라는 챕터를 마무리하고 유지어터라는 새로운 단원을 시작하고 싶다.

'안식월' 이라서 가능했던 도전

앞에 장황한 이야기들을 펼친 것처럼 다이어트는 결코 간단한 일이 아니다. 식단을 챙기고 운동을 하는데 많은 시간이 소요되고, 변화되는 모습을 면밀히 관찰하면서 그때 그때 맞는 방향과 사이클을 정해 주어야 한다. 온 신경이 집중되어야 하는 까다롭고도 긴 프로젝트와 닮았다.

만약 이런 과정들을 회사에 다니면서도 할 수 있었을까? 많은 사람들이 업무와 다이어트를 병행하고 있겠지만 스트레스와 급변하는 주변 상황을 고려하며 다이어트를 수행한다는 건 결코 쉬운 일이 아닐 거라고 확신한다. 특히 체력이 뒷받침되지 않았던 나의 경우에는 중도 포기로 흐지부지 됐을 수도 있다. 안식월을 통해 온전히 내 몸에 집중할 수 있는 기회가 있었기에 체력을 기를 수 있었고, 업무에 복귀한 지금까지 병행할 수 있는 것이라 생각한다.

다이어트로 시작했지만 과정 속에서 나를 돌볼 수 있었던 소중한 안식월 휴가. 이 한 달의 시간은 나에게 쉼 이상의 의미로 남았다. 온전히 나와의 시간을 보내면서 배운 경험과 성찰은 앞으로 마주할 여러가지 고난 속에서도 단단히 버티고 이겨낼 수 있는 힘이 되어 주리라 믿어 의심치 않는다.

안식월부터 시작한 다이어트는 6개월의 여정을 거쳐 2019년 4월 바디프로필 촬영으로 마무리됐다. 첫 술에 배부를 수 없다는 걸 알지만 아쉬움이 남는 건 어쩔 수 없다. 그동안 만들어 온 건강한 습관들을 유지하면서 더 건강미 넘치는 모습으로 한 번 더 도전해 보고 싶다.

김민지의 TIP

안식월을 준비하는 사람을 위한 Tip 1

① 안식월에 이것만은 하기 3가지 정하기

여행보다는 일상에서 휴식을 취하기로 마음먹었다면, 이것만큼은 하겠다는 3가지 정도의 계획을 잡는 걸 추천한다. 온전한 휴식이라는 명목 아래 허송세월을 보낼 수 있기 때문이다. 나는 다이어트 이외 꼭 읽어야 할 책 2권과 편집 프로그램 공부를 계획으로 정했는데, 소소한 계획이었지만 결과적으로 목표한 과정은 다 마칠 수 있어서 나름 뿌듯한 시간을 보낼 수 있었다.

② 미리 준비하기(학원 등록, 준비물 구비 등)

다이어트를 하기로 결정한 순간부터 헬스장 선택과 식단 준비, 운동 스케줄 등을 어떻게 할지 미리 준비해 안식월 첫 날부터 실행했다. 해외 여행도 마찬가지지만 미리 준비하고 계획할수록 더 효율적인 시간을 보낼 수 있다. 강좌 수강이나 취미 클래스 등을 생각하고 있다면 미리 프로그램을 검색하고 수강 신청을 해 놓으면 개강일을 놓치는 일도 없고 시작 전 설렘은 덤으로 얻을 수 있다.

③ 온전히 한 달 or 휴일을 포함한 한달 반

안식월은 워킹데이로 22일이 주어진다. 장기 여행을 계획하고 있다면 여행 후 바로 복귀하는 부담을 덜기 위해 연휴가 있는 달을 선택해 좀 더 긴 휴식시간을 보낼 수 있다. 혹은 나처럼 휴일이 하나도 없는 달을 선택한다면 안식 휴가는 짧게 느껴질 수 있지만 회사 생활의 오아시스 같은 황금 연휴는 추가로 챙길 수 있다.

다이어터들을 위한 탄.단.지 섭취량 계산 방법 Tip 2

뼈아픈 실패를 경험하고 나서야 제대로 된 식단을 공부하기 시작했다. 인터넷에 수많은 다이어트 정보들 중 신뢰할 만한 자료를 제공하는 블로그를 참고했다.

참고자료: 네이버 블로그 수피의 健-강한 운동 이야기

수피의 블로그는 다이어트와 운동 정보를 찾아보다 보면 필수적으로 들리게 되는 정보창고다. 근거 없는 다이어트 방법을 바로 잡고 상식과 과학적인 데이터로 전문적인 정보를 제공한다. 나 역시도 수피의 블로그를 통해 식습관을 개선했고, 각종 정보를 섭렵하고 있다. 다양한 정보를 한데 묶어 '헬스의 정석' 도서 시리즈 3권을 출판했고, 운동 좀 한다는 사람들 사이에서는 이미 잘 알려진 파워 블로거다.

* 탄수화물 섭취량 계산하기

탄수화물은 사람이 활동을 하는데 필요한 에너지원이 되므로 필수적으로 섭취해 주어야 하는데, 조금만 방심해도 섭취량을 오버할 수 있는 까다로운 항목이다. 섭취량을 계산하는 것도 굉장히 까다롭지만 탄수화물 부족으로 인한 부작용을 겪지 않으려면 최소 100g~200g 이상, 체중당 최소 2~3g 정도 섭취 하는 게 좋다. 이 때 단당류 섭취는 최소한 10~15%를 넘지 않게 조절하는 노력이 필요하다.

* 단백질 섭취량 계산하기

체지방을 줄이면서 근육량을 늘리는 건 사실 매우 힘든 일이다. 그래서 다이어트 기간에는 최소한 근육 손실을 방지하는 것이 가장 중요하다. 그러기 위해 충분한 단백질 섭취가 필요한데 단백질은 다른 영양소에 비해 비교적 섭취량 계산이 쉽다. 아래 (1), (2) 번 방법 중 하나로 계산하면 되는데 오차 범위가 다소 크다고 생각할 수 있지만 운동선수가 아닌 일반인에게 크게 유의미한 정도는 아니다. 만약 고강도의 웨이트 트레이닝과 운동량이 많다면 최대값의 단백질량을 잡으면 된다.

(1) 체중 대비: 1.2g~2.2g / 체중 kg => 체중 75kg 이라면 최소 90g~최대 165g
(2) 근육량 대비: 2g~3g / 근육량 kg => 근육량 50kg 이라면 최소 100g~최대 150g
* 근육량 = 체중-체지방량-무기질량

* 지방 섭취량 계산하기

지방은 무조건 피해야 한다고 생각하지만, 지방도 필수 섭취량이 있다. 원활한 신진대사 유지를 위해 체중 kg당 최소한 0.7~1g 정도를 섭취해 준다. 단, 식재료와 조리법을 통해 자연스럽게 지방이 함유되는 경우가 많기 때문에(특히 연어 등의 생선)하루 견과를 챙기는 것으로 보통 대체한다. 지방 섭취를 할 때는 올리브유나 아보카도 등 건강한 지방산을 섭취하는 게 좋다.

출처: 수피, "3대 영양소 섭취량을 잡는 법", 수피의 健-강한 운동 이야기(블로그), 2017년 1월 31일, https://blog.naver.com/kiltie999/220923675875

다이어트 식단 관리를 도와주는 어플 Tip 3

다이어트는 식단을 얼만큼 잘 지키느냐에 따라 성공 여부가 결정된다고 해도 과언이 아니다. 매일 매 끼니의 칼로리와 영양성분을 기록하면 좀 더 철저한 관리가 가능하다. 나는 스마트폰 어플의 도움을 받아 매 끼니의 식단을 관리하고 있다.

* 다신(DASHIN / 다이어트신)

기본 정보(몸무게, 키, 목표 몸무게 등)을 입력하면 하루 권장 칼로리와 영양소 비율을 계산해 준다. 강력한 칼로리 사전 데이터로 내가 먹은 음식을 검색하면 영양성분 기록과 칼로리가 자동 입력된다. 기록된 내용을 토대로 월 별 몸무게, 체지방, 칼로리 정보를 통계 리포트로 보여주고, 식단과 운동, 식욕을 다스리는데 좋은 각종 팁과 칼럼들이 빠르게 업데이트 된다. 다이어트 커뮤니티에서 제공하는 어플이기 때문에 수많은 다이어터들과의 정보 나눔과 재미있는 수다도 가능하다.

비슷한 종류의 어플로는 '야지오 칼로리 계산'기, '스마트 다이어'트 등이 있다.
(ios 기반 앱스토어에서 가능한 어플만 기재했습니다)

사진] 매일 기록한 식단 일기 어플

(왼쪽부터) 사진 1) 하루 권장 칼로리에 맞게 식사를 지킨 날은 분홍 색, 권장량을 오버한 날은 파란색으로 표시된다. 사진 2) 매 끼니 먹은 음식을 입력하면 칼로리와 영양성분이 분석되어 보여진다. 사진 3) 식단은 사진과 함께 기록할 수도 있어서 되도록 식사 전 사진을 찍어 함께 기록했다.

다이어터들을 위한 외식 메뉴 추천 리스트 Tip 4

식단을 철저히 할수록 다이어트 성공 확률은 높아지겠지만 사회생활을 하다 보면 어쩔 수 없이 외식을 해야 하는 경우가 종종 생긴다. 그럴 때는 단백질 함량이 높거나, 열량이 낮은 메뉴를 선택하는 게 Best! 시간이 없어 도시락을 미처 준비하지 못했을 때도 대체할 수 있는 메뉴를 소개한다.

① 서브웨이 로스트치킨 샌드위치 또는 로스트 치킨 콥샐러드

유명 아이돌 가수가 이 브랜드의 치킨 샌드위치를 먹고 다이어트에 성공했다는 인터뷰를 한 뒤로 공식 다이어트 메뉴가 됐다. 빵부터 들어가는 채소, 소스까지 선택할 수 있기 때문에 열량을 조절하기에도 안성맞춤이다. 이 브랜드의 음식을 다이어트 메뉴로 즐기려면 로스트치킨 서브웨이 샌드위치에 통곡물 빵을 선택하고 올리브유나 머스타드 소스를 살짝 가미하면 좋다. 빵 때문에 탄수화물 과다섭취가 걱정된다면 샐러드로도 즐길 수 있으니 간편하고 맛도 좋아 부담 없는 다이어트 외식 메뉴로 추천한다.

② 생선구이 또는 생선회

생선은 단백질 함량이 닭가슴살 못지 않고, 오메가 3를 포함하고 있어 건강한 지방을 섭취할 수 있는 효자 메뉴다. 요새는 생선구이나 찜 조리 등을 정갈하게 담아내는 식당이 많이 있으니 중요한 미팅이나 조용한 자리가 필요하다면 일식집에서 생선회를 먹는 걸 추천한다.

③ 두부요리

두부 또한 단백질 메뉴의 메인 자리를 차지한다. 주원료가 콩이기 때문에 특히 여성들에게 좋은 이소플라본이 함유되어 있고 식물성 단백질도 다량 섭취할 수 있다. 두부 종류는 크게 상관이 없어 순두부나 두부김치, 두부전골 등도 좋지만, 국물은 되도록 삼가는 게 좋다.

④ 미역국

미네랄과 식이섬유가 풍부한 미역과 소고기로 양질의 단백질을 섭취할 수 있다. 역시 국물은 제외하고 건더기를 먹는다는 전제로 추천하는 메뉴다. 요새는 소고기 외 굴, 가자미, 조개 등을 넣은 이색 미역국 메뉴도 많이 나오고 있다. 모두 단백질 함량이 높은 재료이므로 국물을 들이키지 않을 자신이 있다면 추천한다.

⑤ 월남쌈

여러 가지 채소를 돌돌 말아 쌈으로 즐길 수 있는 월남쌈은 비교적 가벼운 외식 메뉴다. 주로 채소로 구성되어 있어 열량 부담이 적지만, 쌈으로 싸먹는 라이스 페이퍼가 생각보다 높은 열량을 가지고 있어 너무 많이 먹지 않도록 주의한다.

⑥ 뷔페

과식의 대명사 뷔페를 추천하다니 아이러니 하신지.
만나는 사람이 여러 명이고 메뉴 정하기가 애매하다면 차라리 위에 소개한 음식들보다는 뷔페를 추천한다. 샐러드부터 해산물, 고기, 한식까지 두루 갖춰진 뷔페는 내가 원하는 음식을 선택적으로 조합해 먹을 수 있는 구성이기 때문에 영양소를 골고루 섭취할 수 있다. 눈 앞에 펼쳐진 고칼로리의 음식들만 참을 수 있다면 뷔페도 좋은 선택이 될 수 있다.

50살 늦깎이 유학
런던에서 보낸 1년

김동석의 일 년 휴가

나에게 안식월(년)이란?

멀리서 바라보기. 안식월이든 안식년이든 대표는 회사와 완전히 떠나있을 수 없다. 무엇을 보든 비즈니스와의 연관성을 먼저 생각하게 된다. 그럼에도 불구하고, 좀 더 회사와 거리를 두고 비즈니스와 나 자신을 좀 더 객관적으로 돌아볼 수 있는 시간을 가질 수 있다는 점에서 소중하다.

김동석. 엔자임헬스 대표

헬스 커뮤니케이션 업무경력만 20년 째, 현재 엔자임헬스의 대표를 맡고 있다. '건강한 세상을 위한 건강한 소통'이라는 커뮤니케이션 업무의 가능성과 가치를 믿고 있다. 한 명의 스타에 의존하기 보다 여러 사람이 함께 만드는 시스템이 돌아가는 회사를 만들기 위해 노력하고 있다. 한 명의 스타에 너무 의존하면 그 스타 역시 쉽게 지칠 수 밖에 없기 때문이다. 10년 후 더 크게 발전할 엔자임헬스의 미래 먹거리를 찾기 위해 머리를 싸매고 있다. 엔자임헬스 대표로 일한지 10년이 되어가지만 여전히 실무를 하며 느끼는 짜릿함을 즐긴다. 하지만, 회사가 커지면서 점점 경영자로 물러나고 있는 것을 아쉬워하고 있다.

직장인의 일년 휴가는 어때?

마감이 정해져 있지 않은 직업, 홍보인(弘報人). 경쟁 입찰이라도 있는 날이면 잠결에도 머리가 쉬지 않고 돌아갔다. 뇌와 심장은 항상 긴장 상태다. 그러나 그 긴장은 나에게 고통의 과정이라기 보다는 즐거움에 가까웠다. 고민 끝에 문제의 해법을 찾아 냈을 때 느끼는 그 짜릿함은 내가 이 일을 버리지 못하게 하는 작지만 질긴 힘이었다.

그렇게 직장생활 20년. 대표가 된 지 10년. 나이는 50이 되었고 노안(老眼)이 찾아왔다. 회사가 안정되어 갈수록 나를 지탱해 왔던 아이디어의 날카로움은 점점 무뎌져 갔다. 더 이상은 미룰 수가 없었다. 나는 오랫동안 고민해 왔던 유학 길에 오르기로 결심했다. 20년 세월의 무게에 무뎌진 인식의 칼날을 좀 더 날카롭게 벼르기 위해, 한 달보다 더 긴 학습과 안식이 필요했다. 그 정도의 선물을 받을 만큼은 열심히 살아왔다고 생각했다.

"한 달도 아니고 1년이라고?"
"몇 개월 해외 연수나 다녀오는 건 어때?"
"대표 없이 과연 회사가 잘 돌아가겠어?"
"이 어려운 시기에 제 정신이야?"

결심에 대한 반응들이었다. 멋지다고 부러워하는 사람들도 있었지만, 그 안에는 무모함에 대한 걱정이 먼저 깔려있었다. 충분히 예상했던 반응들이다. 하지만, 인생에도 경영에도 정해진 길만 있는 건 아니다.

남들과 좀 다르면 어때.

손쉬운 연수보다 일부러 어려운 석사 유학을 택했다. 가르치고 지시하는 위치가 아닌, 온전히 학생이라는 생활 속에 나를 던져 넣고 싶었다. 회사는 내가 없어도 잘 될 것이다. 완벽하지는 않지만 엔자임헬스만의 시스템이 있고, 1년 정도는 거뜬히 버텨줄 신뢰할 만한 사람들이 있으니까.

다시 지각 인생

나이 50에 해외 유학이라니. 남들에게는 다소 의아해 보일 수도 있지만, 사실 나는 이런 류의 '지각 인생'에 제법 익숙한 편이다.

나의 지각 인생은 어려운 가정형편으로 인문계 대신 기술 하사관을 양성하는 공업계 고등학교를 선택하면서 시작됐다. 기계의 싸늘한 감촉과 기름 때 묻은 까칠한 작업복 냄새, 서툰 손재주, 그리고 시도 때도 없이 진행되는 군사훈련은 문학도를 꿈꿨던 시골 소년에게는 무척 곤혹스런 시간들이었다. 제 때 제공되는 맛있는 하루 세끼 식사가 행복했을 뿐, 학교생활은 나에게 맞지 않는 옷이었다. 그렇게 견디듯 졸업을 하고 19살 나이에 직업 군인으로 입대를 했다. 첫 휴가 때, 대학생이 된 고향 친구를 우연히 만나 술을 마시게 됐다. 친구는 쓰는 말부터 달랐다. 민주화, 독재 타도, 모꼬지, 동아리… 오랜 친구가 그날 무척 어색하고 낯설어 보였다. 중학교 졸업 후 불과 3~4년 사이에 우리는 서로 많이 달라져 있었다. 생존을 위해 어쩔 수 없이 택한 길이었고, 나름대로는 열심히, 아주 열심히 살아왔지만 대학생이 된 친구 앞에서 19살 앳된 군인으로 서 있는 나의 모습이 무척 초라하게 느껴졌다. 자리를 파하고 밤 늦게 집으로 돌아오는 길, 술을 꽤 마셨지만 정신이 말짱했다. 대학에 가야겠다고 생각했다. 군 의무복무 기간 5년을 마치고 그렇게 나는 25살이 되어서야 늦깎이 대학생이 되었다.

한 번 늦어진 5년의 시간은 좀처럼 좁혀지지 않았다. 공부도, 취업도, 결혼도 조금씩 늦어졌고 어느 새 나에게 지각 인생은 별날 것 없는 익숙한 일상으로 받아들여졌다.

런던의 학생이 되다

지역은 고민할 필요 없이 영국 런던으로 정했다. 영국 런던은 우리 부부의 추억으로 가득하다. 안식월 때면 우리는 오랜 습관처럼 런던을 찾곤 했다. 결혼 당시 아버지의 병환으로 제대로 가지 못했던 신혼여행 겸, 우리 부부는 다니던 회사를 둘 다 그만두고 런던에 잠시 머무른 적이 있다. 당시 낯선 타향 생활이 주는 긴장감, 미래에 대한 불안감과 기대감. 그 사이의 묘한 행복이 나와 나의 가족을 다시 런던으로 이끌었는지도 모른다.

도착한 런던은 거의 모든 것이 16년 전 그대로였다. 앞으로 어떤 일이 펼쳐질 지 불안했지만, 런던의 변함없음이 좋았다. 그 익숙함이 좋았다.

윔블던, 우리가 살던 동네

다행이 런던 정경대(LSE) 심리행동과학 학부에서 제공하는 공공커뮤니케이션 과정에 합격을 했다. 행동경제학과 사회심리학을 결합해 어떻게 사람들의 행동을 변화시킬 것인가를 연구하는 학문이다. 건강이 인생 최고의 자산임에도 좀처럼 건강해 지려고 하지 않는 사람들의 이중적 심리상태를 알고 싶었다.

학교는 활기가 넘쳤다. 캠퍼스는 세계 곳곳에서 모여든 다양한 국적의 신입생들로 북적였다. 그들의 독특한 영어 발음에는 기대와 설레임이 묻어났다. 나 역시 그들에게 그렇게 보였으리라. 교수들은 예리하고 친절했으며 동기들은 젊고 총명했다. 세상을 바꿔보겠다는 큰 포부를 가진 학생들, 새로운 직업을 찾아 온 학생들, 학문의 길을 택한 학생들, 저마다 공부를 하는 목적과 동기도 다양했다. 세 명의 한국인 동기생들은 존재 자체만으로도 큰 위안이 되었다. 각자의 직장에서 이미 많은 것을 이루었음에도 도전을 멈추지 않는 모습이 부럽고 대견했다.

예상했던 대로 나는 40명의 학과 동기들 중 최고령자였다. 아무도 내 나이에 대해 신경 쓰지 않았다. 그 시크함에 마음이 편했다. 나이는 핑계가 될 수 없으므로 젊은 동기들보다 조금은 더 노력을 해야 했다. 공부는 흥미로웠다. 하지만 유학 바로 전 찾아온 노안은 나를 힘들게 했다. 안경을 처음 쓰기 시작한 터라 눈이 항상 피로했다. 그 와중에 매일 쏟아지는 과제, 읽을거리, 논문 작성 등으로 과정을 마칠 때까지 육체적으로 힘들었다. 정말 공부에는 때가 있는 걸까? 20대, 30대, 40대, 50대가 느끼는 유학생활은 서로 다를 것이다. '돈'보다 '시간'이 더 중요하다는 것을 깨닫기 시작하는 나이 50. 그만큼 나에게 주어진 모든 상황과 시간이 소중하고 고마웠다. 나이가 주는 연륜과 경험은 의미 없을 것 같은 사소한 시간들조차도 새로운 깨달음의 소중한 시간으로 바꿔놓았다.

지각인생이 좋은 점도 있다. 시간의 소중함과 절실함을 잘 알고 있다는 것

'사물의 근원에 대한 탐구(to know the causes of things)'라는 학교의 이념처럼 학과목은 매우 이론적이고 깊었다. 교수들은 학생들에게 수시로 '비판적 사고(Critical Thinking)'를 주문했다. 교수 자신들의 학문적 업적에 대해서 조차 학생들에게 끊임없이 도전하라는 주문과 이를 수용하는 그들의 열린 자세가 무척 신선했다. 모든 토론과 과제와 수업은 우리에게 사물의 근원에 대해 '생각하는 법'을 배울 수 있도록 준비된 듯했다.

학업 과정이 거의 마무리되어 갈 때쯤 논문·지도교수를 선정하는 학과 행사가 있었다. 학과 전체 교수들이 자신들이 현재 진행하고 있는 연구와 관심 있는 연구주제에 대해 학생들에게 브리핑을 했다. 학과에서 진행되는 다양한 연구들을 한꺼번에 파악할 수 있었다. 이 행사를 통해 학생들은 자신의 논문 연구 주제에 맞는 교수를 선택할 수 있었다. 교수들과 학생들 모두 진지했다. 학생들에게 함께 연구하자고 구애를 하는 교수들의 모습이 그날따라 더 멋지게 느껴졌다.

논문을 쓸 때 나는 집착에 가깝도록 지도교수의 방을 자주 찾아갔고 그때마다 교수는 싫은 내색 없이 토론을 위한 시간을 기꺼이 내어 주었다. 간단할 줄 알았던 논문은 지도교수와의 만남이 계속될수록 공부할 분량이 자꾸 쌓여갔다. 논문쓰기란 게 그리 녹록하지 않다는 것을 보여주기라도 하려는 듯 교수의 요구사항이 많아졌다. 버거웠지만 그 철저함이 좋았다. 교수도 같이 공부하고 있다는 느낌이 들었다. 어쩌면 학문적 성취보다는 어떤 일이든 쉽게 얻을 수 있는 것은 없으며, 그 기쁨 역시 고민과 노력에 비례한다는 사실을 학생들에게 알려주려고 했는지도 모르겠다.

사회과학에 특화된 대학답게 학교 곳곳에서 불평등, 평화, 전쟁, 이민, 자유, 인권, 복지, 무정부, 난민, 행복 등 사회적 이슈에 대한 강의와 세계적인 명사들의 세미나로 넘쳐났다. 취업엔 별 도움이 되지 않는다고 투덜대는 학생들도 있었지만, 학문으로 세상을 바꾸려는 노력. 이런 것이 진짜 학문은 아닐까, 대학의 존재 이유는 아닐까 하는 생각이 들었다. 20년 넘게 헬스 커뮤니케이션 일을 하며 나는 과연 '건강 불평등', '건강할 권리'에 대해 얼마나 많이 고민해 봤었던가, 내 직업에 대한 철학의 깊이가 너무 얕았던 건 아닐까. 여러 생각이 교차했다.

학교는 런던 시내 유명 관광지인 코벤트 가든(Covent Garden)에 인접해 있다. 런던 정경대 자체는 작고 아담한 학교지만, 런던 시내 모두가 캠퍼스나 마찬가지였다. 수업이 없는 날이면 런던보건대학원(LSHTM), UCL, 킹스칼리지, 골드스미스칼리지, 왕립예술대학(RCA) 등 런던대학교 소속의 연합 대학들은 물론이고 인접한 대학, 대학원에서 개최하는 공개 강좌와 세미나에 부지런히 참석했다. 학교뿐만 아니라 런던 시내 전체가 나에게는 하나의 학교였다. 영국PR협회(PRCA) 컨퍼런스에 참석해 PR산업의 고민을 함께 나누거나, 런던 시내 거의 모든 대학병원을 방문해 시스템을 관찰하고 기록했다. 웰컴 재단이 운영하는 무료 의학전시회, 의학 도서관, 그리고 런던시내의 건강카페와 수많은 서점들을 기회가 될 때마다 방문했다.

나의 안달복달하는 성격은 런던에서도 전혀 바뀌지 않았다. 한시라도 시간을 허비(?)하면 마치 죄를 짓는 것 같은 느낌. 새로운 것을 보고, 배우고, 느낄 때 마다 이를 비즈니스에 응용할 생각에 묘한 흥분으로 기뻤다.

1 논문을 쓰던 시기, 읽어야 할 논문과 읽은 논문들. 사투 중 2 마침내, 졸업논문을 완성했다

LSE

The Issue Cycle of Health Risk

: H1N1 and MERS pandemic outbreak in South Korea during 2008 - 2017

Supervisor: Professor Martin W Bauer

Dong Seok Kim

MSc in Social and Public Communication

Department of Psychological and Behavioural Science

런던에 살다

그러나 마냥 투쟁적으로 살 수만은 없었다. 나는 유학생이자 한 회사의 대표였지만, 아내의 남편이자 낯선 이국 생활에 외롭게 적응해야 하는 중학생 딸을 둔 아빠이기도 했기 때문이다. 어느 것 하나 함부로 할 수 없는 중요한 역할. 1년은 너무 짧은 기간이었고 생활에 밸런스가 필요했다. 결국 나는 공부와 일뿐 아니라, 가족과의 생활 사이에 균형을 유지하기로 했다.

공부와 일에 대한 욕심을 조금 내려놓자 진짜(?) '런던 생활'이 시작됐다.

'여행객'과 '생활인'은 달랐다. 생활은 소소했지만 결코 만만치 않았다. 우리 가족은 런던 3존(런던은 1~9존으로 구성되어 있다. 1존이 시내중심이다) 남서쪽에 위치한 윔블던(Wimbledon)이라는 지역에 집을 구했다. 이곳은 16년 전 우리 부부가 몇 개월 여행객으로 머물렀던 곳이었다. 집을 계약하고, 은행계좌를 트고, 휴대폰을 개통하고, TV라이선스를 신청하고, 세금면제를 받기 위해 지역 카운실과 논쟁을 벌이고, 딸의 학교를 선택하고, NHS(국가건강서비스)에 등록하고 병원을 찾는 일 등 모든 일이 서툴고 낯설었다. 그들(영국인들)은 항상 여유로웠지만 우리는 항상 조급하고 불안했다.

딸이 처음 학교에 가던 날, 우리 부부는 학교 옆 카페에서 하루 종일 가슴을 졸이며 아이가 무사히 수업을 마치고 나오기만을 기다린 적이 있다. 따돌림이나 당하지 않을까, 영국 청소년들 틈에서 얼마나 외롭고 두려울까, 걱정이 끊이지 않았다. 아내는 늘 오후에 딸이 귀가하고, 저녁에 나까지 집에 와서야 '오늘 하루도 가족이 모두 무사히 잘 보냈구나.' 마음을 놓았다고 한다. 서울에서는 좀처럼 경험하기 힘든 상황들. 그 어려움 속에서 가족의 소중함과 서로를 아끼는 가족애가 점점 더 강해졌다.

딸의 학교생활에 대한 우려는 딸이 또래 친구들을 사귀기 시작하면서 기우가 되었다. 영국, 스페인, 두바이, 일본 친구까지. 아이가 밝아지기 시작했고 우리의 마음도 밝아졌다. 서울에 있을 때는 딸의 학교에서 담임 선생님을 볼 기회 자체가 많지 않았지만 이곳은 달랐다. 수시로 선생님들과 연락을 주고 받았고, 매 학기마다 상담이 이어졌다. 큰 체육관에 각 학과목 별로 선생님들이 상담 부스를 차려 놓으면, 학부모들이 학생들과 함께 순회를 하며 학생들의 성취에 대해 면담을 했다. 허름한 작업복 차림의 학부모도 많았다. 일하다가 바로 온 듯 했다. 서로 격이 없었지만 아이들에 집중하는 선생님들의 모습들. 성적표에는 등수가 없었다. 색깔로 매 학기별 성취도를 표시할 뿐, 선생님은 아이의 문제점보다는 아이들의 가능성을 보려 애썼다. 부족한 점보다 잘한 점을 칭찬해주셨다. 공부도 학생들이 갖는 하나의 장점일 뿐, 성적만으로 줄을 세우지 않았다. 모든 학생들이 각자의 장점을 갖고 있다고 믿고 있는 것 같았다. 이곳에서 아이가 크게 성장할 것이라는 확신이 들었다.

런던 생활은 여행처럼 화려하진 않았다. 1년을 여행객처럼 살아갈 수는 없는 노릇이었다. 매일매일 유명 여행지나 맛집을 찾아 헤매기 보다는 근처 마트를 이용하거나, 한 끼를 부담없이 때울 수 있는 식당을 찾았다. 런던너(Londoner)로서의 일상에 익숙해 질수록 순간순간 생활의 작은 행복을 느낄 수 있었다.

학교에서 돌아오는 길, 2주일에 1번은 윔블던역 앞 작은 꽃집에서 습관처럼 꽃을 샀다. 나중에는 꽃가게 주인 아주머니가 알아보고 말을 걸었다. "꽃을 좋아하시나 봐요?" "아. 네. 예쁜 꽃들이 정말 많네요." 히아신스, 수선화, 튜울립, 백합, 장미. 계절마다 아름다운 꽃들이 지천이었다. 향기가 강하지는 않았지만, 그들이 내뿜는 강렬한 색깔만으로도 향기를 느낄 수 있었다. 가격도 부담 없이 착했다. 사실 나에게는 꽃과 관련된 아주 오랜 꿈이 있다. 꽃이 피기 시작하는 봄이 되면 마음이 항상 들떴다. 아내와 딸을 졸라 멀리 남쪽까지 매화와 벚꽃을 보러 간 적도 많다. 그때마다 봄 꽃 개화시기에 맞춰 일본 남쪽 지방을 시작으로 서울까지 꽃을 따라 여행을 해 보리라 마음 먹곤 했다. 역 앞에서 꽃을 안고 집으로 돌아오는 짧은 길, 그때마다 왠지 마음이 따뜻해졌다. 1년 내내 우리 작은 집은 꽃 향기로 가득했다.

기적(?)같은 일도 일어났다. 런던에 도착해 3주간 호텔을 전전하며 집을 알아보기 위해 윔블던 역 근처 부동산 여러 곳을 헤매고 다닐 때였다. 갑자기 비가 내리기 시작했고 건물의 처마 밑에서 잠시 비를 피하고 있을 때, 낯익은 영국 할머니가 눈에 들어왔다. 무려 16년 전 윔블던 영어학원에서 우리를 가르쳤던 영어 선생님 카렌(Karen)이 아닌가. 귀인(貴人)을 만난 듯, 아내는 금방 선생님을 알아봤다. 선생님 역시 어렴풋이 우리 부부를 기억하고 계셨다. 선생님은 은퇴 후에도 윔블던에 머물고 계셨던 것이다. 그날 이후 우리 가족은 매주 한 두 번씩 선생님 집을 오가며 1년 동안 선생님과 따뜻한 정을 나눴다. 딸아이에게는 이방인 할머니가 생겼고, 귀국하는 날 선생님은 친손녀와 헤어지는 듯 많이도 우셨다. 인종과 살아가는 환경은 달라도 사람의 마음은 다 같은가 보다. 이 믿지 못할 인연은 낯선 이방인으로 초기 불안했던 우리 가족에게 큰 안도가 되었다. 마치 영국이 우리를 따뜻하게 맞아주기라도 한 것처럼, 우연같이 찾아온 인연은 앞으로 우리 가족의 런던 생활이 행운으로 가득할 것이라 기대하기에 충분했다.

1년 내내 생활이 주는 경험과 여유는 나에게 사색할 수 있는 시간을 허락했다. 비워야 채울 수 있다고 했던가. 역설적이게도 조금은 비워진 시간으로 인해 나는 회사, 그리고 가족의 현재와 미래에 대해 더 깊이 생각할 수 있는 기회를 갖게 됐다.

일년 내내 사치를 부리 듯, 꽃을 즐겼다

학교 가는 길. 런던을 한눈에 볼수 있는 워털루 브릿지

런던 아지트를 갖다

'런던에 싫증났다면 인생에 싫증이 난 것이다.'라는 사뮤엘 존슨의 말처럼, 런던은 아무리 써도 줄지 않는 화수분 같다. 오랜 시간을 봐 왔지만 런던은 언제나 새로운 얼굴로 나를 맞았다. 사실 우리 가족은 1년 내내 거의 런던을 벗어나지 않았다. 딸의 방학에 맞춰 파리, 베를린, 바르셀로나를 짧은 일정으로 잠시 다녀온 것을 제외하고는 런던에만 머물렀다. 유명한 여행지를 여럿 보는 것 보다, 한 곳에 머물기를 좋아하는 우리 가족의 여행 취향도 한 몫 했으리라.

나는 번잡한 관광지보다 비교적 조용한 런던의 다리, 역, 그리고 공원을 좋아했다. 이들은 자연스럽게 내가 사랑한 런던의 아지트가 되었다. 나는 워털루(Waterloo) 역에서 워털루 브릿지를 건너 학교 가는 길을 좋아했다. 학교는 워털루 역에서 다리를 건너 세 정거장 정도되는 올드위치(Aldwych)에 위치해 있다. 학교로 가는 버스가 수시로 있었지만, 일부러 걸어서 다리를 건넜다. 많은 관광객들이 영국 국회의사당, 빅벤 시계탑, 런던아이를 볼 수 있는 웨스트민스터 브릿지나, 테이트 모던 갤러리에서 세인트폴 성당을 가로지르는 밀레니엄 브릿지를 추천하지만, 워털루 브릿지야 말로 테스 강변에 늘어서 있는 런던의 핵심건물들과 정경들을 한 눈에 담을 수 있는 최적의 다리다. 다리 양쪽으로 웨스트민스터 브릿지와 밀레니엄 브릿지에서 볼 수 있는 런던의 아름다운 풍경이 파노라마처럼 펼쳐진다.

다리를 건너면 영화 러브 액추얼리(Love Actually) 촬영장소로 잘 알려진 서머셋하우스(Somerset House) 입구가 나온다. 건물에는 인상파 작품들을 전시하는 '코톨드 갤러리(Courtauld Gallery)'라는 작은 미술관이 함께 붙어 있다. 런던에서 찾기 힘든 유료미술관이지만(런던의 미술관과 박물관이 대부분 무료다) 학생들에게는 무료로 개방되는 데다가 지하에 조용한 카페도 있어, 나는 경비원 아저씨와 눈인사를 나눌 정도로 자주 이곳을 찾곤 했다. 웅장한 내셔널 갤러리(National Gallery)보다 왠지 이곳이 끌렸다. 특히 세잔의 풍경화를 보고 있으면 그림 속 푸른 바람을 느낄 수 있었다.

런던의 역들은 저마다 다른 색깔을 띤다. 시골의 간이역을 떠올리게 하는 윔블던파크역부터, 영화 '패딩턴(Paddington)'의 주인공인 여행가방을 든 패딩턴 곰인형을 살 수 있는 패딩턴역까지. 내가 가장 많이 이용한 역은 학교 근처에 위치한 워털루역과 템플(Temple)역이었지만, 일부러 즐겨 찾곤 했던 역은 유럽으로 가는 유로스타를 탈 수 있는 세인트 판크라스(Saint Pancras)역이었다. 이 역은 역이기 이전에 관광지라고 할만했다. 웅장한 외관도 그렇지만, 역의 2층에 있는 두 개의 여행자 동상은 이 곳이 만남과 이별이 교차하는 낭만 가득한 기차역이라는 것을 실감케 했다. 세인트 판크라스역은 9와 3/4 해리포터 승강장역으로 알려진 킹스크로스(Kings Cross)역과 붙어있다. 인접한 런던도서관과 센터럴 세인트 마틴 예술학교(CSM)를 한번에 둘러 볼 수 있는 것도 큰 장점이다. 런던 어디든 그렇지만, 특히 런던의 역사를 오가는 다양한 피부색을 가진 사람들과의 조우 그리고 출처를 알 수 없는 수 많은 언어들의 공명음은 '내가 다양성의 도시 런던에 와 있구나' 라는 사실을 문득문득 일깨워 주었다.

런던은 도시 전체가 공원으로 덮여있다고 해도 과언이 아니다. 공원이 많다 보니 낮 동안 숲에 숨어있던 여우가 밤이 되면 우리 집 앞까지 와서 놀다가 돌아가곤 했다. 사실 여우는 영국인들에게 골치거리다. 쓰레기를 뒤지거나 고약한 배설물을 남기고 사라지기 때문이다. 어느 날 새벽, 창 밖에 어슬렁어슬렁 걸어가는 여우 가족을 우연히 보게 됐다. 달빛 속을 걷고 있는 여우의 우아한 모습과 길 바닥에 길게 드리운 여우의 그림자는

1 세인트 판크라스 역 외관 2 학교 근처 템플역

경외감마저 들게 했다. 이후 며칠 동안, 우리 가족은 여우를 다시 보기 위해 새벽에 잠을 설치며 기다린 적도 있었다. 여우라고는 생텍쥐페리의 어린왕자에서 사막여우에 대해 읽은 것 외에는 도통 경험이 없었던 나에게 한밤중 여우의 출현은 행운이자 놀라움이었다. '서로 길들여진다면, 황금빛 밀밭을 볼 때 어린 왕자의 황금빛 머리카락을 떠올릴 수 있을 것'이라고 했던 소설 어린왕자의 글처럼, 달빛을 볼 때면 긴 그림자를 드리우며 사라져 가던 여우의 뒷 모습이 떠오른다.

공원 역시 작고 소담한 곳들이 좋았다. 관광객들에게 널리 알려진 리젠트파크, 하이드파크, 리치몬드파크처럼 거대한 공원들이 싫은 것은 아니었지만 왠지 부담스러웠다. 수업이 없을 때는 학교 앞 링컨스 인 필즈(Lincoln's Inn Fields)라는 작은 공원 앞 카페에서 논문을 읽으며 차를 마시거나, 벤치나 잔디밭에 앉아 생각하기를 좋아했다. 물새 가족들을 만나고 싶을 때는 버킹엄 궁전과 웨스트민스터 사원 사이에 위치한 세인트 제임스 파크에 들렀다. 그린파크의 길거리 그림과 녹색 파라솔, 그리고 퇴근 후 공원에서 요가를 즐기는 직장인들을 지켜보는 것도 작은 기쁨이었다. 집 근처에 있는 윔블던파크와 카니자로파크는 시간이 날 때 마다 일과처럼 아내와 산책을 했다. 지역 주민들에 섞여 트럭에서 파는 바닐라 아이스크림을 먹거나, 마치 영국의 다정한 노부부(?)들처럼 벤치에 앉아 풍경을 즐겼다.

마음이 복잡하거나 힘들 때면 런던의 전경을 한 눈에 바라볼 수 있는 프림로즈힐(Primrose Hill)에 오르기도 했다. 거대한 리젠트파크에 붙어 있는 작은 언덕 프림로즈힐은 프림로즈(한국말: 앵초)의 꽃말 〈청춘〉과 〈젊은이〉처럼 젊은이들과 연인들이 자주 찾는 곳이다. 손을 꼭 잡고 멀리 석양을 바라보거나, 풀밭에 누워 하늘을 바라보며 사색에 잠긴 연인들을 쉽

사진인지 그림인지 아름다운 프림로즈힐

게 발견할 수 있다. 런던의 석양은 프림로즈의 연주황색 꽃잎을 닮았다. 청년 파랄리소스(Paralisos)가 결혼을 승낙 받지 못한 슬픔으로 죽어서 프림로즈 꽃이 되었다는 그리스 신화처럼 프림로즈힐에서 바라보는 런던의 석양은 왠지 쓸쓸해 보였다.

여유가 있는 주말이면 윔블던에서 가까운 킹스턴(Kingston)과 리치몬드(Richmond)를 자주 찾았다. 두 곳 모두 템스강 상류에 위치해 있어 강가 풍경이 아름다운 마을이다. 킹스턴 강가를 아무 생각 없이 걷거나 주말에 문을 여는 동네 시장을 돌아다니며 한 주의 피로를 풀었다. 킹스턴에서 20여분 버스를 타고 가면 리치몬드가 나온다. 리치몬드는 이름처럼 부자들이 꽤나 많이 사는 쾌적한 마을이다. 아내와 나는 버스 정류장 옆에

프림로즈 힐에서 바라본 런던 도심

교회를 개조한 '커피올로지(Coffeeology)'라는 카페의 커피를 좋아했다. 유럽 이민자로 보이는 주인장은 갈 때마다 반갑게 말을 걸어왔고, 언제나 흥겹게 일을 했다. 사람이 좋으면 맛은 함께 따라오는 법. 커피맛이 좋았다.

리치몬드를 갈 때면 리치몬드 강가를 산책하거나 리치몬드힐에 올랐다. 여류작가 버지니아 울프가 살았던 집도 있었다. 리치몬드힐은 동네 사람들의 산책코스이기도 했다. 이곳에 오면 나는 으레 언덕에 있는 로벅(Roebuck)이라는 펍(Pub)에서 맥주 한잔을 사서 벤치에 앉아 강가를 무심히 바라보곤 했다. 펍의 젊은 점원은 조각처럼 잘생기고 친절했다. 이곳에서 바라보는 템스강은 런던 시내에서 보는 템스강과는 사뭇 다른 풍광이었다. 같은 벤치에 앉게 된 동네 할아버지는 이 풍경을 그리기 위해 영국의 유명 화가들이 자주 찾는다고 자랑을 늘어놓았다. 영국은 어디를 가든 자기가 사는 동네에 대한 자부심이 강한 편이다. 완벽한 인생이 어디 있으며, 고달프지 않은 인생은 또 어디 있을까 만은, 불평보다는 자랑할 것을 많이 담고 사는 사람들, 때로는 그들의 마음 씀씀이가 부러웠다.

리치몬드 힐에서 바라본 템스강 상류의 풍경

영국의 사계(四季)에 빠지다

가을, 겨울, 봄, 여름, 그리고 다시 가을… 영국의 사계는 각각 다른 인상으로 나를 맞았다.

여름의 끝자락, 가을이 시작될 때쯤 런던에 도착했다. 늦가을이 되려면 꽤 시간이 남았음에도 도시엔 어둠이 빨리 내렸다. 입국 초기 불안한 마음에 아침마다 버스정류장까지 학교 가는 딸을 바래다 주었다. 완전히 걷히지 않은 어둠. 다소 쌀쌀한 아침 공기. 내색은 안 했지만 낯선 나라에서 하루하루를 마음으로 견디고 있을 딸이 안쓰럽게 느껴졌다. 딸이 버스를 무사히 탄 것을 확인하고 집으로 돌아오는 길, 나의 복잡한 마음을 알기라도 하는 듯 비행운(飛行雲)이 어지럽게 하늘을 수 놓았다.

초기 이런 착잡한 마음은 가을이 깊어지면서 조금씩 안정되어 갔다. 마음이 안정되자, 런던의 가을이 하나씩 보이기 시작했다. 아내가 무척 좋아했던, 집 앞 자작나무가 노랗게 물들기 시작했고, 프림로즈힐 가는 길에 늘어선 공원의 나무들도 뜨거웠던 여름옷을 털어내며 노란 가을옷으로 갈아입고 있었다.

가을은 찰나여서 늘 아쉽다. 우리는 금방 지나가 버릴 아쉬운 가을을 잠깐이라도 잡아두기 위해 런던 교외로 가족 여행을 가기로 했다. 런던 도착 후 첫 나들이였다. 목적지는 시간이 시작되는 곳, 그리니치(Greenwich) 천문대. 그러나 가을이 익어가는 주말, 그리니치 언덕에 여유롭게 누워 햇볕을 즐기는 사람들을 바라보며, 그리니치는 시간이 시작되는 곳이 아닌 '시간이 멈추는 곳'이라고 생각했다.

그리니치의 가을 하늘은 유난히 높았다. 우리 가족은 풀밭에 아무렇게나 누워 눈을 감았다. 주변에서 들리는 소리의 수를 세어 보기로 했다. 서울에 있을 때도 아침에 딸과 함께 집을 나설 때면, 집 앞 나무숲 길에서 눈을 감고 누가 더 많은 소리를 듣나 내기를 하곤 했다. 집이 북한산 자락에 위치해 있어 도시의 소음과는 사뭇 다른 소리들을 들을 수 있었다. 오색딱다구리가 나무를 쪼는 소리, 바람이 나뭇잎 사이로 지나가는 소리, 이웃집 강아지가 짖는 소리, 멀리 꿩 소리가 들릴 때도 있었다. 그리니치도 다르지 않았다. 사람들의 목소리에 섞여 작은 새소리, 나뭇잎이 서로 부대끼는 소리, 멀리 아이들과 강아지들이 뛰어 노는 소리가 들려왔다. 멈추고 눈을 감으면 지나쳐 버리기 쉬운 작은 소리까지 들을 수 있다.

런던의 겨울은 크리스마스와 함께 시작됐다. 추워서 오히려 따뜻함의 소중함을 알게 해 주는 겨울. 밤의 길이가 길어지고 깊어질수록 크리스마스 준비로 런던의 밤은 더 밝고 화려해졌다. 11월부터 거리는 떠들썩해지기 시작했다. 수업을 마치고 귀가하는 길, 학교 근처 서머셋하우스의 중앙광장에 아이스링크가 생기고, 대형 크리스마스 트리 장식이 시작됐다. 포춘앤 메이슨 백화점의 크리스마스 특별 선물 코너가 서머셋하우스에 들어서면 런던의 크리스마스는 절정에 다다른다. 영화와는 달리, 런던은 화이트 크리스마스를 기대하기 힘들다. 겨울에도 온화한 편이어서, 눈이 드물다. 하지만 조금만 눈이 내리면 교통이 마비되거나 학교가 휴교하는 경우까지 생겼다. 그러나 굳이 화이트 크리스마스가 아니어도 좋았다. 크리스마스 그 자체로 사람들은 모두들 들떠 있었다. "사랑은 사실 어디에나 있다. (Love actually is all around.)"는 러브 액추얼리의 대사처럼 런던 사람들이 크리스마스를 그토록 갈망하는 것은 크리스마스엔 어디에서나 사랑이 시작되기 때문이리라.

12월의 서머셋하우스

화려한 크리스마스 준비와는 달리, 정작 크리스마스가 되면 런던 거리는 한산해 진다. 연인들로 넘치는 서울의 거리와는 무척 다른 모습이었다. 사람들은 모두 집으로 향했다. 심지어 버스, 튜브(지하철), 기차 등 대중교통조차 거의 다니지 않았다.

"크리스마스만은 절대 양보할 수 없어."

모두 같은 마음들인 것처럼 보였다. 런던의 대학들이 밀집해있는 런던 유스턴역(Euston Station)은 12월 25일 크리스마스가 되면 노숙자들에게 전면 개방됐다. 저녁 식사가 제공되는 작은 크리스마스 파티도 열렸다. 크리스마스, 사랑은 정말 런던 어디에나 있었다.

봄은 꽃 소식보다 가족들의 영국 방문 소식과 함께 찾아왔다. 한국에서 가족들이 연이어 런던을 찾았다. 근 한 달간 장인·장모님과 매형 누나들을 위해 아내와 나는 여행 가이드로 변신했다. 대부분 런던이 처음이시라는 점을 감안해 런던의 명소를 중심으로 여행 계획을 짰다. 계획에 런던에서 기차로 1시간 30분 남쪽으로 달리면 갈 수 있는 '세븐 시스터즈(Seven Sisters)'를 포함시켰다.

세븐 시스터즈는 영국 남부 브라이튼(Briton)과 이스트본(East Bourne) 사이 해안가에 있는 일곱개의 하얀 절벽들이다. 대부분 한국 여행자들은 런던에서 브라이튼을 거쳐 세븐 시스터즈로 가는 코스를 선택하지만, 우리는 브라이튼 대신 이스트본을 이용하기로 했다. 이스트본은 영국인들이 은퇴 후 가장 살고 싶어 하는 곳들 중에 하나다. 다소 복잡하고 도회적인 브라이튼보다 작은 전원도시 이스트본의 낭만을 충분히 감상할 수 있는 이 코스를 택했다. 브라이튼역으로 갈 경우, 세븐 시스터즈까지 버스로 40분이 넘게 걸리는 데다, 일정 시간 걸어야 한다. 이에 비해 이스트본역으로 가면, 역에 내리자 마자 세븐 시스터즈의 장관을 볼 수 있는 비치헤드(Beach Head) 바로 앞까지 20분이면 도착이 가능한 관광 버스를 탈 수 있다. 지붕이 없어 주변 경관을 즐길 수 있을 뿐만 아니라, 순환 버스여서 많이 걷지 않고도 세븐 시스터즈를 편하게 즐길 수 있다. 어르신들과 동행할 경우 딱 맞는 코스다.

세븐 시스터즈 가는 길. 해안에서 불어오는 바람이 거셌다. 하지만 푸른 들판에 풀을 뜯고 있는 양떼, 남쪽 바다를 향해 언덕 위에 서 있는 작은 등대, 노란 봄 꽃으로 뒤덮인 평원을 지나며 거센 바람마저 부드러운 봄의 전령사로 변했다. 갈 때 마다(우리 가족은 이곳을 3번이나 갔다) 등대 아래 있는 버스 정류장에 내려 언덕을 올랐다. 등대가 가까워질수록 한쪽엔 탁 트인 봄 들녘이, 다른 한쪽은 광활한 바다가 펼쳐졌다. 언덕 위 등대에 있는 작은 상점에서 아이스크림을 사먹었다. 같은 상표의 아이스크림이었지만 도시와는 다른 맛이었다. 등대를 거쳐 내리막을 내려오다 가족들은 잔디밭에 둘러 앉아 하얀 절벽을 배경 삼아 마련해온 간식으로 요기를 했다. 하얀 절벽 위에서의 식사. 엽서나 TV 여행프로그램에서 봤던 그대로의 영국 시골의 모습이었다. 이스트딘 로드(East Dean)를 따라 돌아오는 길. 지붕 없는 관광 버스에 오르면 동화책에서나 봄 직한 작은 집들이 옹기종기 마을을 이룬 모습이 눈 아래 펼쳐졌다. 다시 양떼들이 풀을 뜯는 언덕을 넘어 버스가 시내를 향해 내려가면, 멀리 봄에 흠뻑 젖은 이스트본 시내의 봄 전경이 갑자기 다가왔다. 와!!!! 우리는 모두 이스트본의 봄을 벅차도록 가슴에 담았다.

런던의 여름은 원래 덥지 않다. 에어컨이 필요 없을 정도로 영국의 여름 더위는 그리 심하지 않은 편이다. 하지만, 2018년 여름은 유난히 뜨거웠다. 공원의 푸른 잔디가 노랗게 타 들어 갈 정도로 건조했고 뜨거웠다. 무더위 속에서도 도시는 관광객으로 넘쳐났고, 그 해 여름 영국 축구대표팀이 러시아 월드컵에서 선전을 펼치면서 응원 열기가 도시 곳곳을 더욱 달궜다. 마트마다 응원용 맥주가 탑처럼 쌓여 있었다. 한국팀의 조기탈락 때문일까, 나는 먼 나라 러시아에서 벌어지는 월드컵보다 내 집 앞에서 펼쳐지는 윔블던 테니스 대회에 더 관심이 갔다.

세븐 시스터즈, 사진으로는 다 담을 수 없는 절경

매년 6~7월이 되면 윔블던 작은 마을은 축제 준비로 떠들썩하다. 윔블던 역 등 공공시설은 물론이고 동네 거의 모든 가게들이 서로 경쟁이라도 하듯, 테니스와 관련된 인테리어로 새 단장을 한다. 러시아 테니스 스타 샤라포바가 운영하는 팝업 캔디 가게도 윔블던힐에 세워졌다. 귀여운 테니스공 모양의 캔디를 팔았다. 테니스 대회 못지 않게 대회 입장권을 사기 위한 줄서기 자체가 장관이었다. 경기장 주위에는 표를 빨리 구하기 위해 텐트를 치고 밤을 세는 텐트족들로 넘쳐나고, 5시간 넘는 기다림에도 테니스팬들은 기다림 자체를 경험으로 즐기며 행복해 했다. 기다리는 모든 사람들은 "나는 태양 아래서 줄을 섰습니다 (I've queued in the sun)"라는 스티커를 선물 받는다. 모두들 자랑처럼 가슴에 이 스티커를 붙였다. 2018년 뜨거운 여름의 추억을 가슴에 깊게 담기라도 하려는 듯.

우리는 영리한 한국인답게, 영국 월드컵 대표팀 축구 경기가 있는 날의 오후시간을 골라 입장을 시도했다. 자국의 축구경기를 보러 테스트경기장을 일찍 떠날 관람객들이 분명 있을 것 같았다. 우리의 예상은 맞아 떨

윔블던 테니스 대회에 가면 '태양 아래서 줄을 섰다'는 기념 스티커를 준다

어졌고 1시간을 채 기다리지 않고 경기장에 입장할 수 있었다. 경기장 안은 기대와 흥분으로 떠들썩했다. 유명한 테니스 스타들의 중요한 경기가 열리는 센터 코트(Centre Court)를 제외하고 입장객들은 자유롭게 경기들을 관람할 수 있었다. 사실 우리는 경기엔 큰 관심이 없었다. 단지 분위기를 느끼고 싶을 뿐. 경기장에 들어서자 마자 사람들은 핌스(Pimms)와 스트로베리 앤 크림(Strawberry and Cream)을 사기 위해 푸드코트를 찾았다. 과일향이 달콤한 알콜성 음료, 핌스와 스트로베리 앤 크림은 윔블던 테니스 경기장에 왔다면 반드시 먹어봐야 하는 일종의 상징과도 같다.

늦은 오후가 되자 사람들은 하나 둘씩 센터 코트를 내려다 볼 수 있는 잔디 언덕으로 모여들었다. 대형 TV를 통해 센터 코트에서 벌어지는 경기를 볼 수 있기 때문이다. 비싼 입장료를 줄여보자는 심산이기도 하겠지만, 그들도 우리처럼 테니스 대회보다 언덕에 앉아 분위기 자체를 즐기려는 듯 했다. 무더운 여름날이 선사하는 자유와 여유. 다양한 색깔 옷을 입은 관람객들이 모여들었고, 언덕은 관람객들로 인해 움직이는 하나의

윔블던 테니스대회에 입장하자마자 스트로베리 앤 크림을 사러 또 줄을 서야 한다

커다란 화폭이 되어갔다. 그들은 대회의 구경꾼이었지만, 대회를 아름답게 꾸미는 주인공이기도 했다. 어쩌면 비싼 돈을 주고 센터 코트에서 경기를 관람하는 사람들보다 이곳에 앉아 있는 관람객들이 더 제대로 윔블던 테니스를 즐기고 있는 지도 모른다는 생각이 들었다. 행복의 가치가 돈의 무게로 결정되는 것이 아니듯, 행복의 기준은 서로 다른 것이니까. 윔블던 테니스 언덕에 황혼이 내리기 시작했고, 무더웠던 2018년 여름날도 서서히 저물어 갔다.

다시 가을이 왔다. 런던에서 다시 맞은 가을은 떠나야 할 시간이 다가온 것을 의미한다. 런던에서의 마지막 날, 그날은 우리 부부의 결혼기념일이었다. 20주년 결혼기념일을 런던에서 맞다니. 1년은 생각보다 짧았다. 때론 고달팠고, 불안했고, 부족했지만, 멀리서 나와 가족과 회사를 객관적으로 바라볼 수 있었던 행복한 시간들이었다. 그 고생과 행복을 함께 해준 아내를 위해 마지막 날은 옥소타워(OXO Tower) 레스토랑에서 런던의 야경을 감상하기로 했다. 아쉬움도 적지 않았지만 제법 잘 지낸 1년이라고 서로를 다독였다. 공부, 일, 가정의 밸런스를 맞추려던 나의 노력도 그리 나쁘지 않았다고 생각했다. 잘 적응해준 딸도 대견했다.

무엇보다 대표 없이 1년을 잘 버텨준 엔자이머들에게 고마웠다. 불가능할 것 같았던 안식월이 이제 너무 자연스러운 제도가 되어있듯이, 안식년도 가능하지 않을까. 과연 회사가 그럴만한 충분한 자원을 보유할 수 있을까. 그렇다면 회사가 어느 정도 성장해야 가능한 걸까. 앞으로 다시 다가올 20년, 나는, 우리 가족은, 엔자임은 어떤 모습으로 성장해 있을까.

런던에서 나의 1년은 이렇게 마무리되어 갔다. 워털루역에서 윔블던 집을 향해 돌아오는 길. 지나간 1년을 추억하기라도 하는 듯, 기차 차장 밖으로 낯익은 런던의 야경들이 한 컷 한 컷 스쳐 지나갔다. 런던의 깊어가는 밤의 깊이만큼 나의 생각도 깊어졌다.

또 다시 그리워지면 갈게 안녕, 런던

Epilogue

창의적인 해법을 찾기 위해 치열하게 일하는 사람들. 어쩌면 안식월이 필요한 것은 당연하지 않은가? 업무 시간외에도 아이디어를 위해 머리 속은 24시간 돌아간다. 스위치를 끄고 싶어도 불쑥불쑥 본능처럼 아이디어를 찾아내려 뇌가 움직이는 것은 막을 도리가 없다. 모든 스위치를 끄려면 두꺼비집을 내려야 한다.

창업 초기, 아니 지금 현재도 매일매일 새로운 이슈와 업무로 피곤하고 지친다. 사원에서 시작해 대표에 이르기까지 수십 년 동안 업계를 경험한 나로서 이런 직원들의 고충을 모를 리 없다. 업무와 휴식이 공존하는 선순환의 시스템이 필요했다. 직장인의 한 달 휴가, 안식월은 훌륭하게 그 역할을 해 주었다. 한 명의 역할이 클 수 밖에 없는 회사의 구조상 안식월은 태생적으로 쉽게 정착하기 어려웠다. 하지만 회사는 밀고 나갔고, 직원들은 서로 독려했고, 함께 일하는 고객들은 응원해 주었다. 이제 안식월은 함께 가꾸고 만든 회사의 소중한 자산이 되었다.

우리 회사의 안식월은 언젠가 안식년으로 발전할 수도 있다. 이미 부사장의 안식년이 대기 중이다.

엔자임헬스의 문화는 이렇게 만들어지고 있다. 회사는 완벽하지 않다. 완벽할 수도 없다. 시행착오도 겪는다. 다만 보통 사람들이 모여 열심히 일하면서 상식적이고 필요한 제도와 문화를 만들어 가고자 한다. 모두가 동의하는 좋은 제도라면 최대한 우리는 시행하고자 할 것이다. 앞으로 직진했다가 힘들면 후퇴할 수도 있다. 중요한 건 움직여 보는 것이다.

대한민국의 직장인들에게 우리 회사를 자랑하려고 쓴 글은 아니었다. 직원 60명의 작은 회사도 가능한 시스템이라는 것을, 대한민국 직장인에게 최소한 3년에 한 번은 한 달의 휴식이 필요하다는 것을, 그리고 그것이 보다 인간적이라는 것을 이야기하고 싶었다.

열심히 일한 직장인에게 3년마다 한 달의 휴가는 사치가 아니다. 충분히 누려야 할 자격이다.

엔자임대표

직장인의 한달 휴가_두 번째 이야기

초판 1쇄 발행	2019년 6월 1일
지은이	김세경 · 고성수 · 이지수 · 이현선 · 김지연 · 백목련 · 김민지 · 김동석
펴낸곳	엔자임헬스(주)
펴낸이	김동석
기획	유혜미
디자인	송하현 · 이아름 · 백목련 · 안수지
경영지원	이현선
홍보	김지원

등록	2008년 7월 29일(제301-2008-143호)
주소	서울특별시 중구 서소문로 11길 50 신아빌딩 5층 (04515)
전화	02.318.5840
팩스	02.318.5841
홈페이지	www.enzaim.co.kr
블로그	blog.naver.com/enzaims

ISBN	979-11-952401-6-6 13980

이 도서의 국립중앙도서관 출판예정도서목록(CIP)은 서지정보유통지원시스템 홈페이지(http://seoji.nl.go.kr)와 국가자료공동목록시스템(http://www.nl.go.kr/kolisnet)에서 이용하실 수 있습니다.(CIP제어번호: CIP2019018895)